遊戲美術製作
流程

師濤 編著

Game Art Production
Process

崧燁文化

序
Preface 沈渝德

職業教育是現代教育的重要組成部分，是工業化和生產社會化、現代化的重要支柱。

高等職業教育的培養目標是人才培養的總原則和總方向，是開展教育教學的基本依據。人才規格是培養目標的具體化，是組織教學的客觀依據，是區別於其他教育類型的本質所在。

高等職業教育與普通高等教育的主要區別在於：各自的培養目標不同，側重點不同。職業教育以培養實用型、技能型人才為目的，培養面向生產第一線所急需的技術、管理、服務人才。

高等職業教育以能力為本位，突出對學生能力的培養，這些能力包括收集和選擇資訊的能力、在規劃和決策中運用這些資訊和知識的能力、解決問題的能力、實踐能力、合作能力、適應能力等。

現代高等職業教育培養的人才應具有基礎理論知識適度、技術應用能力強、知識面較寬、素質高等特點。

高等職業藝術設計教育的課程特色是由其特定的培養目標和特殊人才的規格所決定的，課程是教育活動的核心，課程內容是構成系統的要素，集中反映了高等職業藝術設計教育的特性和功能，合理的課程設置是人才規格準確定位的基礎。

本藝術設計系列教材編寫的指導思想是從教學實際出發，以高等職業藝術設計教學大綱為基礎，遵循藝術設計教學的基本規律，注重學生的學習心理，採用單元制教學的體例架構，使之能有效地用於實際的教學活動，力圖貼近培養目標、貼近教學實踐、貼近學生需求。

本藝術設計系列教材編寫的一個重要宗旨，那就是要實用——教師能用於課堂教學，學生能照著做，課後學生願意閱讀。教學目標設置不要求過高，但吻合高等職業設計人才的培養目標，有足夠的信息量和良好的實用價值。

本藝術設計系列教材的教學內容以培養一線人才的職位技能為宗旨，充分體現培養目標。在課程設計上以職業活動的行為過程為導向，按照理論教學與實踐並重、相互滲透的原則，將基礎知識、專業知識合理地組合成一個專業技術知識體系。理論課教學內容根據培養應用型人才的特點，求精不求全，不過多強調高深的理論知識，做到淺而實在、學以致用；而專業必修課的教學內容覆蓋了專業所需的所有理論，知識面廣、綜合性強，非常有利於培養"寬基礎、複合型"的職業技術人才。

現代設計作為人類創造活動的一種重要形式，具有不可忽略的社會價值、經濟價值、文化價值和審美價值，在當今已與國家的命運、社會的物質文明和精神文明建設密切相關。重視與推廣設計產業和設計教育，成為關係到國家發展的重要任務。因此，許多經濟發達國家都把發展設計產業和設計教育作為一種基本國策，放在國家發展的戰略高度來把握。

近年來，藝術設計教育已有很大的發展，但在學科建設上還存在許多問題。其表現在缺乏優秀的師資、教學理念落後、教學方式陳舊、缺乏完整而行之有效的教育體系和教學模式，這點在高等職業藝術設計教育上表現得尤為突出。

作為對高等職業藝術設計教育的探索，我們期望透過這套教材的策劃與編寫構建一種科學合理的教學模式，開拓一種新的教學思路，規範教學活動與教學行為，以便能有效地推動教學品質的提升，同時便於有效地進行教學管理。我們也注意到藝術設計教學活動個性化的特點，在教材的設計理論闡述深度上、教學方法和組織方式上、課堂作業佈置等方面給任課教師預留了一定的靈動空間。

我們認為教師在教學過程中不再是知識的傳授者、講解者，而是指導者、諮詢者；學生不再是被動地接受，而是主動地獲取，這樣才能有效地培養學生的自覺性和責任心。在教學手段上，應該綜合運用演示法、互動法、討論法、調查法、練習法、讀書指導法、觀摩法、實習實驗法及現代化電教手段，體現個體化教學，使學生的積極性得到最大限度的調動，學生的獨立思考能力、創新能力均得到全面的提高。

本系列教材中表述的設計理論及觀念，我們充分注重其時代性，力求有全新的視點，吻合社會發展的步伐，盡可能地吸收新理論、新思維、新觀念、新方法，展現一個全新的思維空間。

為確保教材的整體品質，本系列教材的作者都是聘請在設計教學第一線的、有豐富教學經驗的教師，學術顧問特別聘請具有相當知名度的教授擔任，並由具有高級職稱的專家教授組成的編委會共同策劃編寫。本系列教材自出版以來，由於具有良好的適教性，貼近教學實踐，有明確的針對性，引導性強，被中國許多高等職業院校藝術設計專業採用。

為更好地服務於藝術設計教育，此次修訂主要從以下四個方面進行：

完整性：一是根據目前高等職業藝術設計的課程設置，完善教材欠缺的課題；二是對已出版的教材在內容架構上有欠缺和不足的地方進行補充和修改。

適教性：進一步強化課程的內容設計、整體架構、教學目標、實施方式及手段等方面，更加貼近教學實踐，方便教學部門實施本教材，引導學生主動學習。

時代性：藝術設計教育必須與時代發展同步，具有一定的前瞻性，教材修訂中及時融合一些新的設計觀念、表現方法，使教材具有鮮明的時代性。

示範性：教材中的附圖，不僅是對文字論述的形象佐證，而且也是學生學習借鑒的成功範例，具有良好的示範性，修訂中對附圖進行了大幅度的更新。

作為高等職業藝術設計教材建設的一種探索與嘗試，我們期望透過這次修訂能有效地提高教材的整體品質，更好地服務於中國藝術設計高等職業教育。

前言
Foreword

　　隨著遊戲產業的不斷繁榮，遊戲市場多元化發展步伐急劇加速，各國開始對遊戲創意產業進行大力扶持，越來越多的公司投入遊戲製作行業中，使遊戲市場一時間百花齊放，行業競爭愈演愈烈，使各公司對實用型遊戲製作人才的需求也日益增加。相關專家認為，提高遊戲行業參與國際競爭的能力是挖掘遊戲創意文化產業的靈魂，透過深度挖掘創意文化產業的價值進而推動經濟轉型，在當代語境下複合型高素質人才的培養是推動遊戲創意文化產業發展的原動力，培養一專多能的高素質人才是目前遊戲美術教育的重要組成部分。

　　現如今，不僅各公司紛紛高薪搶聘遊戲製作人才，很多跨國公司也不惜重金尋覓專業人才。

　　遊戲作為新興的人才密集型產業，需要大量的專業人員湧入，遊戲行業呈井噴式成長導致人才真空的局面進一步加劇，系統學習遊戲以及遊戲美術相關知識的從業人員鳳毛麟角，能完全達到企業要求的專業人員更是寥寥無幾。

　　遊戲美術的製作是一項系統化、體系化的過程，每一個製作環節絲絲入扣，在市場競爭如此劇烈的當下，遊戲美術製作流程在整個遊戲的產出過程中變得尤為重要，一套合理規範的遊戲美術製作流程是一款遊戲從研發到實現過程的有力保障。

　　在教材的設計上，本書將大量精心挑選的案例巧妙地融合到教學內容中。並結合遊戲美術藝術的專業特點，利用合理的圖文混排將教學內容生動有效地展示給學生，也使學生在得到書的同時擁有了一套專業性和收藏性較強的資料集。

　　本書為滿足不同條件的專業學生和遊戲美術愛好者的需求，在每個單元後配有具體的作業練習，供學生進行自學與鞏固知識，旨在使學生在充分具備理論知識素養的基礎上，注重培養動手能力，鍛煉成為企業需要的遊戲美術專業人才。

　　希望書能夠更進一步地豐富遊戲美術教學領域的理論成果，為有志於學習遊戲 美術藝術並立志投身於遊戲事業的學員的職業生涯鋪設前景光明的道路。

目錄 Contents

教學導引 01

第一單元 遊戲美術的概念與意義　　03
一、遊戲美術的現狀分析 04
　（一）遊戲行業的發展趨勢 04
　（二）遊戲美術的發展特點 11
二、遊戲美術製作的特點 13
　（一）遊戲美術製作是以使用者視覺體驗為中心 13
　（二）遊戲美術製作是遊戲企業整體行銷活動的有機組成部分 13
　（三）遊戲美術製作是綜合性很強的學科 13
　（四）遊戲美術製作強調發揮集體的智慧與整體的協調 14
三、遊戲美術的作用 14
　（一）有效地傳遞遊戲世界觀和相關服務資訊 14
　（二）用優質的遊戲畫面，樹立良好的遊戲口碑 14
　（三）刺激目標玩家的需求欲望 15
　（四）吸引更多遊戲玩家 16
　（五）給遊戲玩家以審美引導 16
四、遊戲美術的前期策劃 17
　（一）瞭解廣大用戶的審美訴求，策劃出符合需求的遊戲產品 17
　（二）瞭解遊戲行業最新動態，把握遊戲美術大方向 17
　（三）瞭解市場遊戲，提高產品競爭力 18
五、遊戲美術人才的基本素質 18
　（一）有強烈的事業心和高度的責任感 18
　（二）有很強的創造性思維能力 19
　（三）善於學習並具有廣泛的知識面 20
　（四）有很強的設計能力和審美素養 20
　（五）有良好的群體意識和協調力 20
六、單元導引 21

第二單元 遊戲美術製作的內容　　22
一、遊戲美術策劃流程 23
　（一）遊戲美術策劃的概念與意義 23
　（二）遊戲美術策劃的基本構成要素 24
　（三）遊戲美術策劃的基本程式 29
二、遊戲美術製作概述 31
　（一）遊戲美術製作的概念與意義 31
　（二）遊戲美術製作流程的構成要素 31
　（三）遊戲美術製作的方法 34
三、單元導引 39

第三單元 遊戲美術製作基礎　　40
一、美術基礎 41
　（一）透視基礎 41
　（二）解剖基礎 43
　（三）色彩構成 48
二、相關軟體基礎 50
　（一）二維繪圖軟體——Adobe Photoshop 50
　（二）三維繪圖軟體——3ds Max 54
三、單元導引 57

第四單元 遊戲美術製作規範　　58
一、角色繪製 59
　（一）實例：十二生肖（狗）角色繪製步驟 59
　（二）實例：十二生肖（豬）角色繪製步驟 62
二、場景繪製 64
實例：機械類場景繪製步驟 64
三、道具繪製 68
實例：遊戲道具繪製步驟 68
四、介面圖示繪製 69
　（一）實例：介面圖示繪製步驟 69
　（二）實例：遊戲圖示繪製步驟 71
五、三維模型製作 73
實例：三維人物製作步驟 73
六、動作製作 75
實例：人物動作製作步驟 75
七、特效製作 80
實例：噴火特效製作步驟 80
八、單元導引 84

第五單元 遊戲美術作品賞析　　85
一、角色賞析 86
二、場景賞析 93
三、介面賞析 100
四、圖示賞析 108

後記 112

導引

一、內容的基本設定

遊戲美術製作流程是一門綜合性的專業課程，作為一門新興的應用學科，廣泛地運用到遊戲設計領域。在本書中，筆者站在大學教育的角度，結合當前形勢以及教學實踐，根據應用型技職大專院校人才培養的目標要求，依照目前遊戲美術製作流程課程教學大綱確立書的體例構架和特定性質及任務。書的基本內容設定為：

1.遊戲美術的概念與意義：本單元介紹遊戲美術的現狀分析、遊戲美術製作的特點、遊戲美術的作用及其前期策劃以及遊戲美術人才的基本素質，使學生瞭解遊戲美術的基本知識。

2.遊戲美術製作的內容：本單元讓學生瞭解和掌握遊戲美術策劃流程和製作流程，使學生樹立正確的遊戲美術設計的原則並瞭解其製作流程，培養學生的專業意識。

3.遊戲美術製作基礎：本單元是遊戲美術製作流程中的一個重要環節，透過對遊戲美術設計所涉及的美術基礎及相關軟體基礎的講解，讓學生能夠在以後的設計中熟練地掌握其基本要素。

4.遊戲美術製作規範：本單元透過對遊戲角色繪制、場景繪製、道具繪製、介面圖示繪製、三維模型製作、動作製作、特效製作的講解，使學生逐步認識遊戲美術的行業規範，掌握遊戲美術的繪製規範及步驟，製作出符合行業標準的遊戲美術作品。

5.遊戲美術作品賞析：本單元透過對優秀的遊戲美術作品進行賞析，使學生瞭解影響遊戲美術設計的重要風格特徵，透過對遊戲美術設計審美傾向的分析與比較，重點培養學生對遊戲美術的審美能力。

二、教程預期達到的教學目標

遊戲美術屬於實用美術，是遊戲製作的重要環節，具有較強的專業性和綜合性。本教程將遊戲美術製作流程規範化、系統化，以理論指導實踐操作的方式，重在培養學生綜合應用能力。透過理論講解、圖例分析和作業練習等方式，使學生在建立遊戲美術理論知識體系的基礎上，瞭解行業製作標準及遊戲市場變化規律，提高相關美術基礎素養及審美素養，對遊戲美術製作的構成要素、製作流程和製作規範有所掌握，最終能夠製作出符合行業標準和市場審美要求的遊戲美術作品。

三、教程的基本體例架構

本課程的基本體例構架突出教學的實用性，貼合教學實踐，貼近學生學習思維，符合教學規律，在依據教學大綱規定的總學時基礎上，提供一個科學合理的教學模式及運作方法。

按照課堂教學能力訓練的實際需要，根據課堂教學的基本環節，全書設計了五個單元，涉及課堂教學中核心的內容，其內容簡明、案例豐富、實用性強。在確立的每個單元中有明確的教學目標、具體的教學要求、教學重點、教學過程注意事項提示、課餘練習題和思考題、命題作業等。根據教程要達到的總的培養目標及各單元目標擬定的相關作業命題，難度由低到高，使學生透過五個單元進行理論學習和實踐訓練，培養遊戲美術製作應具備的綜合運用能力。

四、教程實施的基本方式與手段

本課程實施的基本方式是由任課教師講授、優秀作品的解析、相關資料的演示以及命題作業組成。任課教師的理論講授是教學活動中不可忽視的重要環節，是一種傳統的行之有效的教學方法，對培養學生系統化的學習意識和創新理念起著非常重要的作用。本書的教學內容為任課教師的理論講授提供了良好的遊戲美術製作的基本理論框架。本教程以理論聯繫實際的教學方式為基礎，運用直觀化的教學方法，增強學生對遊戲美術製作理論知識的理解，達到良好的教學效果。為此需借助市場上成功的遊戲美術作品進行分析講解和圖像教學，將理論知識融入直觀的實例圖像之中，說明學生形象地把握理論知識和實際操作方法。

五、教學單位如何實施本教程

　　本教程是一本具有很強實用性的教材，可直接應用於教學活動中。任課教師可依據本教程展開教學活動，從而使教學活動有章可循，並能夠納入科學合理的系統軌道之中。學生有了書，可以做到對教學內容心中有數，從而進行自主地學習。對於教學管理部門來說，本教程的使用能提供一種科學的教學模式和系統的教學思路，有效地規範教學活動與教學行為，推動教學品質的提高。可以以教材為依據檢查任課教師的教學品質及教學進度，對遊戲美術製作流程這門課程的教學情況做出正確的評估。

第 1 單元

遊戲美術的概念與意義

一、遊戲美術的現狀分析

二、遊戲美術製作的特點

三、遊戲美術的作用

四、遊戲美術的前期策劃

五、遊戲美術人才的基本素質

六、單元導引

重點：本單元著重分析了遊戲行業的發展歷史和變化趨勢，以及在不同的歷史環境下遊戲市場對遊戲美術需求的變化。本單元詳細講解了遊戲美術製作的特點，強調遊戲美術在一款遊戲創作中的重要地位及作用。

透過本單元的學習，學生能夠清晰地瞭解到如何適應在不同的時代和市場背景下遊戲市場的潮流，並按照市場的需求以及本著對玩家負責的態度創作出符合時代特徵的遊戲。

難點：能夠正確認識到在不同的社會經濟背景下所產生的遊戲美術的發展特點以及遊戲美術製作的特點；梳理遊戲美術的發展脈絡，並能夠通過具體案例的分析，客觀深入地瞭解遊戲美術在遊戲製作中的作用。

一、遊戲美術的現狀分析

（一）遊戲行業的發展趨勢

1. 遊戲行業的發展歷史

遊戲伴隨人們的生活而存在。自人有行為能力起，玩遊戲便成為一種自發自覺的活動。從體育到玩具、從街機到掌機、從電腦到手機，隨著時代的進步，遊戲形式逐漸趨於多樣化。21世紀以來，人們所說的遊戲，通常是指在各種電子平臺上運作的電子遊戲。電子遊戲作為一種娛樂消費品，擁有廣泛的受眾基礎。隨著日益強大的網路經濟發展，電子遊戲經濟已成為現今娛樂產業中相當重要的組成部分。

電子遊戲的源頭可追溯到20世紀40年代末，美國湯瑪斯·T.溝史密斯二世（Thomas T. Goldsmith Jr.）與艾斯托·雷·曼（Estle Ray Mann）設計的《陰極射線管娛樂裝置》，代表著電子遊戲的誕生。1961年，包括史蒂夫·魯梭（Steve Russell）在內的一班學生，當時在麻省理工學院裡的一部新電腦DEC PDP-1（圖1-1）中寫了一個名為《宇宙戰爭》（Spacewar!）的遊戲。

▲ 圖1-1 陰極射線管娛樂裝置

該遊戲讓兩名玩家對戰，他們各自控制一架可發射導彈的太空飛行器，而畫面中央則有個為飛行器帶來巨大危險的黑洞。這個遊戲在新DEC電腦上發佈，隨後在早期的互聯網上發售。《宇宙戰爭》被認為是第一個廣為流傳並極具影響力的電子遊戲，直到20世紀60年代末才逐漸衰落。此時期的電子遊戲主要是因個人嗜好而開發。

▲ 圖1-2 《乓》遊戲機（左）與遊戲畫面（右）

20世紀70年代，電子遊戲開始以商業娛樂媒體的姿態出現，以雅達利（Atari）公司製作的《乓》（Pong）（圖1-2）、太東（TAITO）公司製作的《太空侵略者》（Space Invaders）為領軍遊戲，帶領街機遊戲踏入電子遊戲黃金時代。街機遊戲在20世紀80年代達到鼎盛，很多在技術或類型上革新的遊戲紛紛出現：第一個卷軸射擊遊戲類型《捍衛者》（Defender）、第一款鐳射影碟遊戲《龍穴歷險記》（Dragon's Lair）、第一個圖像冒險遊戲《謎之屋》（Mystery House）等，此次革新再次拓展了遊戲的類型。同一時期，以任天堂（Nintendo）為代表的紅白遊戲機（圖1-3）進入大眾家庭，掀起了一股卡帶紅白機遊戲熱潮，其隨機推出的《超級馬里奧兄弟》（Super Mario Bros）（圖1-4）成為風靡一

▲ 圖1-3 任天堂紅白遊戲機

第一單元 遊戲美術的概念與意義　05

▲ 圖1-4 《超級馬里奧兄弟》遊戲畫面

▲ 圖1-5 《魔獸爭霸》遊戲畫面

時的經典遊戲。儘管早期電子遊戲發展的成果主要用於街機及家用遊戲機，但70年代與80年代迅速發展的家用電腦也為它們的擁有者提供了編寫簡單遊戲程式的機會。

20世紀90年代，遊戲行業持續蓬勃發展，街機、紅白遊戲機逐漸衰落，家用電腦遊戲興起。三維電腦圖像技術的逐漸成熟，催生出如微軟（Microsoft）的《帝國時代》（Age of Empires）、暴雪娛樂（Blizzard）的《魔獸爭霸》（Warcraft）（圖1-5）與《星際爭霸》（StarCraft）（圖1-6）系列，以及回合制的遊戲如《魔法門之英雄無敵》（Heroes of Might and Magic）等大型單機遊戲。同一時期，互聯網不斷發展，網頁瀏覽器外掛程式的開發如Java與Macromedia Flash等，讓簡易網頁遊戲變得可能。這些都是小型的單人或者多玩家遊戲，讓玩家只需要打開瀏覽器不需安裝就可以快速緩衝進入遊戲。其最受歡迎的是某些解謎遊戲，經典的街機遊戲以及多玩家卡片、紙牌遊戲等。

▲ 圖1-6 《星際爭霸》遊戲畫面

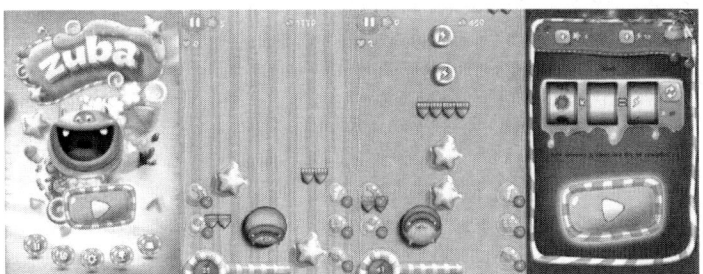
▲ 圖1-7 手機遊戲《糖果大追捕Zuba!》遊戲畫面

21世紀00年代，隨著價廉物美的寬頻互聯網連線在全球普及，許多遊戲運營商轉向計費網路遊戲，作為一種創新嘗試。大型多人線上角色扮演遊戲（MMORPG）號召了許多作品的賣座，典型代表是暴雪娛樂的《魔獸世界》（World of Warcraft）。此時期，網路遊戲市場開始成為主流遊戲市場。

現今，21世紀10年代的到來，預示著遊戲行業再次進入嶄新的發展階段，其變化趨勢將呈現出以下幾方面的特徵：

（1）遊戲傳播方式的變化趨勢

①遊戲傳播方式增多

互聯網的誕生讓遊戲的傳播方式增多。隨著網路科技時代的到來，遊戲的傳播速度隨著網路的普及而加快，遊戲的傳播平臺更趨於多樣化及便利化。大批遊戲透過互聯網面向全球玩家席捲而來，各種形式的遊戲載體應運而生，使遊戲滲透到人們生活中每一個角落。（圖1-7）

②遊戲運行平臺多樣化

遊戲的發展總是伴隨其載體的進步而進步，任天堂紅白遊戲機、街機、電腦、掌機、手機等這些遊戲載體不斷更新換代，引發了一次又一次的遊戲革命。家庭電腦的誕生讓遊戲機不再處於專制地位，無數的遊戲開發商開始為家庭電腦開發遊戲，這一時期，遊戲的品種和遊戲方式呈現爆炸性增長的局勢。

▲ 圖1-8 《魔獸爭霸4》遊戲畫面

▲ 圖1-9 《夢幻西遊》遊戲序號輸入介面

21世紀初，建立在電腦PC平臺上的用戶端大型網路遊戲、單機遊戲（圖1-8）仍是電子遊戲行業的核心市場，而由網頁遊戲和移動終端遊戲組成的新興市場正在迅速發展壯大。新興市場所展現出的強大生命力及巨大經濟效益，使網路遊戲公司逐漸拓展到移動平臺的遊戲開發，網頁遊戲、手機遊戲迅速佔領遊戲市場份額，發展成為一個強大的遊戲分支。

③遊戲收費模式多樣化 遊戲的收費模式正在發生轉變，（圖1-9）向遊戲免費道具收費模式轉變（圖1-10）。

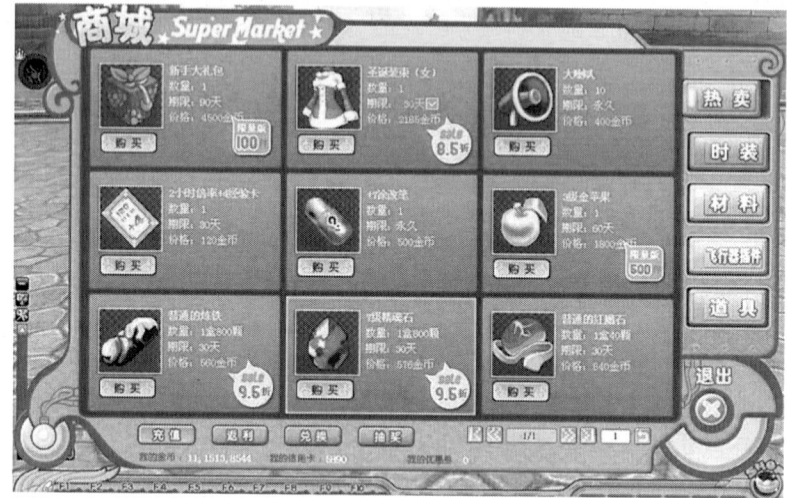
▲ 圖1-10 《新飛飛》道具商城介面

遊戲行業的迅速崛起，受到了廣大玩家的追捧，同時也引起了盜版商的窺視。隨著電腦技術的不斷發展，盜版商利用購買遊戲序號獲得永久使用權的便利，運用先進的電腦技術將遊戲破解，大量生產複製正版遊戲，並以低價出售，使正版遊戲光碟幾乎無人問津，導致序號收費模式的遊戲因嚴重虧損而被迫逐漸淡出主流遊戲市場。盜版的橫行，引發了遊戲收費模式的革新浪潮，收費模式的轉變在一定程度上壓制了盜版的囂張氣焰。再者，全球化網路的覆蓋，遊戲企業為適應時代潮流、獲得最大的利益，以及吸引更多玩家，也成為遊戲收費模式發生轉變的重要原因。

收費模式的轉變使遊戲盈利更直接、快速，並吸引更多的玩家嘗試進入遊戲世界，但也造成了遊戲有失公平的局面。遊戲免費道具收費模式的結果呈現出玩家在遊戲中花錢就能贏、沒錢總"挨打"，遊戲的"公平"被破壞、樂趣被消解。企業想方設法出售道具，以快速獲得既得利益，致使遊戲世界彌漫著金錢萬能的價值觀。遊戲教父席德·梅爾說過："一個遊戲是很多有趣的選擇的集合。"但在道具付費模式下，本該有樂趣的遊戲被異化。遊戲的收費模式仍需繼續探索完善。

（2）遊戲製作方式的變化趨勢
①跨平臺遊戲開發

在遊戲製作的早期，遊戲多為單平臺開發，某一款遊戲只針對某一款遊戲機進行開發。現今在互聯網時代下，科技的進步讓遊戲機本身不斷提高性能，用戶的不同追求使傳統的家用遊戲機不斷加速升級，多種遊戲裝置同時誕生，常見的遊戲機有XBOX360、Wii遊戲機和PS3。遊戲開發商為了適應不同的用戶需求，將一款遊戲在不同的平臺進行開發。如遊戲《粘粘球的世界》有多個平臺運行版本，包括PC、Wii、

第一單元 遊戲美術的概念與意義　07

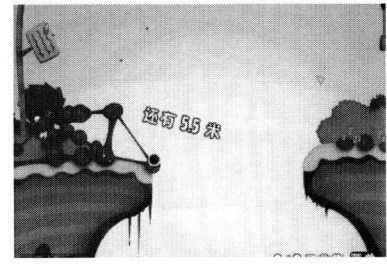

▲ 圖 1-11 《粘粘世界》PC 版遊戲畫面

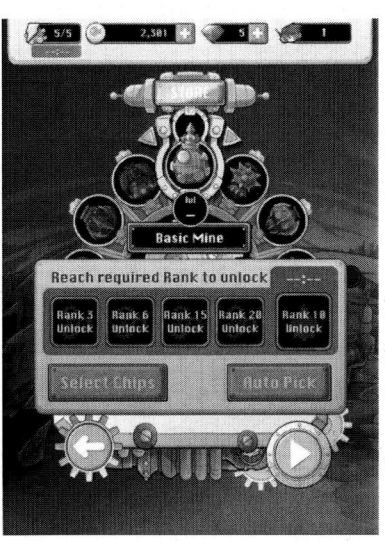

▲ 圖 1-12 ipad 遊戲《魔鬼獵手》畫面

機遊戲版（圖 1-11），受到各類遊戲平臺上玩家的認可。這樣的做法適應了多種遊戲載體的同步發展，讓遊戲的擴散速度加快，形成了良好的市場效應，人們能夠有更多便捷的途徑接收遊戲信息，成為遊戲的玩家。

②遊戲畫面進步

圖形技術革命帶來了電子遊戲畫面的進步，遊戲畫面與硬體的先進程度也息息相關。硬體技術的提高，促進各類遊戲軟體發展的發展，從而使創造更精緻的遊戲畫面成為可能。早期的任天堂紅白遊戲機只支援 256 種色彩的顯示，因為使用電視機為最終的呈現載體，所以畫面精度只停留在 480×360 的解析度下，畫面簡單，內容單一。PC 的誕生讓遊戲畫面效果大幅度提升，顯卡技術的進步讓遊戲畫面精度呈幾何倍的增長。ipad 使用的視網膜螢幕技術（圖 1-12），使畫面精度幾乎達到肉眼無法看出圖元的境界，這無疑要求遊戲的畫面不斷進步，不斷精緻。

③遊戲類型逐漸豐富和拓展

從最早的遊戲機到現在以智慧手機為平臺的發展過程中，電腦硬體以及電腦人工智慧系統（AI）的發展，讓遊戲的內容可以千變萬化，高級的演算法讓原來不可能實現的遊戲情節和類型都呼之欲出。

早期主流遊戲類型只有角色扮演遊戲，之後射擊類遊戲、體育類遊戲、音樂舞蹈類遊戲（圖 1-13）、競技類遊戲（圖 1-14）、虛擬社區類遊戲、策略類遊戲等多種類型先後出現

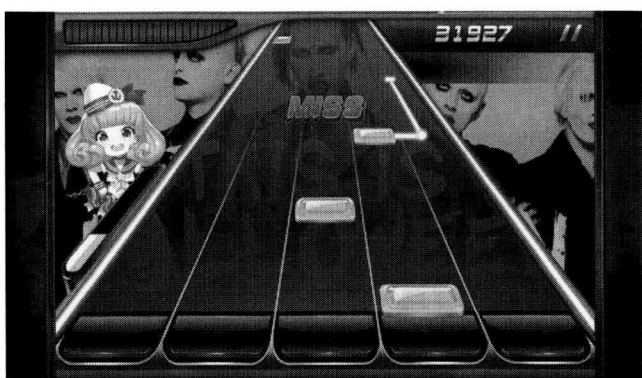

▲ 圖 1-13 音樂類遊戲《節奏大師》畫面

▲ 圖 1-14 競技類遊戲《天天酷跑》畫面

④遊戲操作手感優化

遊戲控制方式日漸豐富並更趨於人性化。從最早的紅白遊戲機使用簡單的手柄操作，運動方式局限於 8 個方向，到 PC 遊戲的誕生，遊戲方式轉變為使用滑鼠操作，可實現 360°的方向控制，再到現今的手機、體感遊戲層出，遊戲方式拓展到了讓遊戲中的控制變為真實世界的方位及方向，在方向控制上，遊

▲ 圖 1-15 Wii 體感遊戲

▲ 圖 1-16 《魔獸世界》採用相位系統根據玩家的情況而呈現不同的世界

發生了質的變化。操作設備從手柄，變為鼠標，變為多點觸控，變為大腦控制，使遊戲的操作更符合人體工程學，給玩家更強烈的代入感。（圖 1-15）

⑤各種系統完善和細節提升

在最早的紅白遊戲機時代，電腦的關卡和遊戲方式都是預設的。玩家在某一特定地點會出現特定的內容和關卡，遊戲的樂趣會隨著玩的次數增多而降低，電腦人工智慧系統（AI）的誕生讓遊戲內的非操控角色可以有"自己的智力"，敵人根據玩家使用的武器而自主選擇對應的方案，敵人可以自己躲避子彈等，使遊戲的難度和樂趣也直線上升。比如《奧德賽》（EVE）的技術革命和複雜的經濟系統、《魔獸世界》的相位技術（圖 1-16）、成熟的道具收費體系、完善的新手引導等。

2. 中國遊戲行業的發展

中中國地遊戲產業發端於 20 世紀末，其經歷了由荒蕪時代、萌芽期、單機遊戲興衰到網遊的興起，再到如今的移動時代的轉變。經過十餘年的發展，中國網路遊戲產業成為一支不可忽視的力量，無論是玩家數量還是產業規模，都位居世界前列。中國遊戲產業本身不斷的規範化、國際化、市場化，更帶動了遊戲相關產業的齊頭並進，其在中國經濟中日漸凸現舉足輕重的作用，逐漸成為人民生活中活躍的、不可或缺的重要組成部分。

1994 年之前的中中國地，中國遊戲產業的"史前時代"，基本談不上有正規的遊戲產業，只有"山寨遊戲機"上的國外盜版遊戲，PC 機上盜版的臺灣中文遊戲和國外遊戲。然而，正是在這樣的條件下，培養出了中中國地第一批遊戲玩家，他們中的不少人都成了中中國地原創遊戲的骨幹和精英。

1994 年是中中國地遊戲產業的"元年"，中中國地擁有了正式的遊戲刊物（圖 1-17）和第一款自主研發的商業 PC 遊戲產品，由此邁出了內地原創遊戲產業化的第一步，成為名副其實的中中國地遊戲產業元年。

1994 年 - 1996 年是中國遊戲產業的萌芽期，雖然只有短短的兩年，但是在這兩年時間裡，中中國地的有些產業已經從無到有，擁有了遊戲製作公司、遊戲發行公司、遊戲專業媒體，並推出了中中國地最早的一批遊戲產品（圖 1-18）。1996 年 8 月發生的著名的

▲ 圖 1-17 1994 年創刊的遊戲雜誌《電子遊戲軟體》

《提督的決斷》光榮"四君子"事件，使遊戲文化和遊戲產業第一次引起了主流媒體的關注。同時，新聞出版署作為電子出版的管理

▲ 圖 1-18 1994 年金盤公司發行的模擬軍事遊戲《神鷹突擊隊》

▲ 圖 1-19《俠客英雄傳 3》

機關也在這一時期開始加強對遊戲等電子出版物的管理。至此，中中國地真正意義上的遊戲產業圈初步形成。

1997 年 - 1999 年是單機遊戲產業的興衰時期，以單機遊戲為主的中中國地遊戲產業在極短的時間內經歷了由盛轉衰的大起落，暫時走入了低谷。而同時，《俠客英雄傳 3》（圖 1-19）為代表的角色扮演類遊戲促進了武俠類遊戲的良性發展，迎來了武俠 RPG 的全盛時期。

2000 年 - 2003 年，網路遊戲（圖 1-20）興起而單機遊戲沒落。2001 年，在中國電腦遊戲市場的 5 億元人民幣中網路遊戲占 3.1 億元，首次超過了單機電腦遊戲市場規模。到 2002 年末，中國網路遊戲市場規模已經達到 9.1 億元人民幣，網路遊戲運營商近 90 家，網路遊戲產品近 110 種。短短兩年時間，中國的主流遊戲市場已經被網路遊戲完全佔領。雖然這一時期市場上運營的網路遊戲基本都是從海外引進，其中又以被稱為 "泡菜" 的韓國版權產品為主，但中國原創網路遊戲已經處在蓄勢待發的階段。網路遊戲的崛起，讓遊戲產業的整體市場規模迅速增長，隨後面向遊戲開發人員的專業媒體開始出現，遊戲外包業也逐漸興起，中國遊戲行業漸漸走向了成熟。

2004 年 -2006 年，網路遊戲的規範與市場化競爭並行（圖 1-21）。2004 年，中國遊戲自主研發與品牌競爭齊頭並進；2005 年，政府積極調整了網路遊戲政策，監管與扶持並重，網路遊戲的產業政策漸漸明晰；2006 年，中國網路遊戲市場規模為 65.42 億元人民幣，比 2005 年增長 73.5%，中國網路遊戲

▲ 圖 1-20 2002 年網易公司推出的網路遊戲《大話西遊》

▲ 圖 1-21 2006 年宇峻科技研究並運營的《幻想三國志 3》

▲ 圖 1-22 2007 年完美時空網路技術有限公司推出的《誅仙》

▲ 圖 1-23 2011 年由盛大遊戲推出的《星辰變》

數在 2006 年達到 3260 萬,比 2005 年增加 23.8%。

2007 年-2009 年,全球金融危機背景下的中國遊戲產業仍然逆市而上。2008 年中國網路遊戲市場實際銷售收入為 183.8 億元人民幣,比 2007 年同比增長 76.6%。2008 年我國自主研發的民族網路遊戲進一步擴大競爭優勢,市場實際銷售收入達 110.1 億元人民幣,占網路遊戲市場實際銷售收入總規模的 59.9%,比 2007 年增長了 60%。2008 年中國有 15 家企業的 33 款遊戲,進入世界市場,銷售額達 170 萬美元;2009 年我國有 29 家企業的 64 款遊戲,進入世界市場,銷售額達 1.05 億美元。這種狀況表明中國的遊戲產品已經走進世界。(圖 1-22)

2010 年-2012 年,21 世紀中國網路遊戲行業蓬勃發展(圖 1-23)。

2010 年,中國網路遊戲使用者數達到 7598.3 萬,比 2009 年增長了 15.3%,其中付費網路遊戲使用者數達到 4300.6 萬,比 2009 年增加了 15.8%;2010 年中國網路遊戲市場實際銷售收入為 323.7 億元人民幣,比 2009 年增長了 26.3%,帶動電信、IT、媒體廣告等相關產業產值 631.2 億元人民幣;2010 年中國自主研發的民族網路遊戲產品總數超過 356 款,相比 2009 年增加 35 款,市場實際銷售收入為 193 億元人民幣,占中國網絡遊戲市場實際銷售收入的 59.6%,網絡遊戲自主研發人員數量達到 3053 人,較 2009 年增長 9.44%;2010 年中國手機網路遊戲市場運營收入達 9.1 億元人民幣,比 2009 年增長了 42%;2010 年共有 34 家中國企業自主研發的 82 款網路遊戲作品進入海外 40 多個國家和地區,實現銷售收入 2.3 億美元,比 2009 年增長了 111%。中國網路遊戲出版產業的發展速度和產業規模令人矚目,對當今社會經濟發展和人們文化休閒生活產生著越來越大的影響,已成為中國文化創意產業不可或缺的重要組成部分。

2013 年第三季度,中國遊戲市場整體份額為 225.68 億元人民幣。其中,用戶端遊戲為 141.64 億元人民幣,頁面遊戲為 45.15 億元人民幣,手機遊戲市場規模為 38.89 億元人民幣排名第三。從增長速度來看,排名出現了反轉,用戶端遊戲單季度的環比漲幅為 5.3%,網頁遊戲為 15.4%,而手機遊戲規模高達 36.7%,單季度的漲幅超過 10 億元人民幣。而這也是手機遊戲連續三個季度漲幅超過 30%。這一爆發式增長,在近期收購、重組案中也有所體現。據統計,2018 年中國遊戲產業內出現了 19 起併購案,其中 12 起與手機遊戲有關,占比超過 60%;多數併購案的規模在 6 億-12 億,市盈率在 12 倍-15 倍。前瞻產業研究院發佈的

機會分析報告》預計，2014年第四季度手機遊戲規模有望超越網頁遊戲位居第二位；而到2015年，手機遊戲產業規模可能達到200億元人民幣，接近用戶端遊戲市場規模。（圖1-24）在中國線民選出的排名前十位元最受歡迎網路遊戲中，中國自主研發的網路遊戲占了6席。在遊戲發展的新時期，中國遊戲企業的原創力量迅速增強。根據資料顯示，中國有越來越多的遊戲研發公司，自主研發出多款原創遊戲，其經濟收益占中國遊戲市場的主導地位，凸顯出巨大的市場價值。

中國遊戲市場潛力巨大。在未來幾年內，中國將從資金投入、創造產業環境、保護智慧財產權以及加強對企業引導等方面對中國的遊戲企業加以扶持。亞洲將是未來全球網路遊戲的重要市場，而中國將成為地區最大的線上遊戲市場之一。

（二）遊戲美術的發展特點

伴隨電腦科技的飛速發展，遊戲的畫面也從最初的單色圖元點陣發展到3D呈現，中間經歷了2D、2.5D等多次技術革新。現今遊戲中的美術畫面更加複雜、精緻，給玩家帶來了更震撼的視覺體驗。遊戲美術配合著遊戲製作不斷進步的節奏逐漸趨於精緻成熟。在新的發展時期，遊戲美術主要有以下三個方面的發展特徵：

1. 遊戲美術的多元化發展趨勢

▲ 圖1-24 大型網路遊戲《劍俠情緣3》畫面

戲層出不窮，現今遊戲美術風格趨於多元化。遊戲美術風格從早期單一遊戲風格演變到多種遊戲風格。個性化遊戲美術風格（圖1-25）逐漸獲得認可，並佔有一定的市場份額。

早期的電子遊戲運行平臺種類較為單一，以街機為主，遊戲畫面以圖元畫形式呈現，美術表現手法受到電子技術的發展因素影響使其風格類型單調貧乏。隨著硬體技術的發展，資訊傳播媒體的更新，遊戲的運行平台拓展到電視、街機、掌機等，載體的多元化及成像技術的提高直接促使遊戲種類及畫面美術風格向多元化發展。進入互聯網時代，電腦、手機等移動設備全面普及，技術的進步使螢幕解析度及畫質得到進一步提升，這給予了各類遊戲嘗試多樣化表現方式的空間，並以優質新奇的遊戲畫面為遊戲做宣傳，甚至將其作為遊戲市場的突破口。

在遊戲美術製作中，早期受到電腦發展技術的限制、大型團隊合作注重整體統一性、對於多種藝術風格無法一一實現等因素的影響，造成了早期遊戲市場中美術風格的單一。

現今隨著電腦技術水準的不斷提高，移動電子設備的普及，大型遊戲企業逐漸把注意力分散到移動平臺上研發的小型遊戲中。其開發成本與技術要求較低，收益高，巨大的商業利潤空間使更多的商業資本介入遊戲行業，以製作中小型遊戲為主的遊戲工作室也如雨後春筍般在各地出現。

▲ 圖1-25 畫面風格獨特的解謎遊戲《迷畫之塔》

小作坊式的遊戲製作團隊的增多，使更多的遊戲製作人能充分發揮想像力，創作獨具個體特色的遊戲，從而進一步促使遊戲風格的個性化與多樣化。

2. 遊戲美術創作週期的變化

隨著人類社會的進步，人們的生活開始向資訊碎片化與時間碎片化轉變。這一現狀必然激發移動終端（手機、掌上遊戲機等）的飛速崛起，使大型遊戲轉為中小型遊戲發展。中小型遊戲操作簡單，容易上手，載入時間短，隨時可以暫停、繼續，甚至有的遊戲幾乎不需要玩家長時間連續性參與就可以實現遊戲的正常運作。這些特點完全適應了時代的快節奏變化趨勢。

遊戲載體以及遊戲方式的轉變使遊戲壽命逐漸縮短，早期出現的一款遊戲可以玩 10 年的現象已經一去不復返，更多的遊戲生命週期只有 1 年，更有甚者只有短短 3 個月的壽命就會被新的同類型遊戲所替代。

遊戲的壽命縮短導致遊戲開發週期變短，大型遊戲的開發週期一般是 3 年-5 年，而在這段漫長的時間中，遊戲市場已經發生了翻天覆地的變化，陳舊的遊戲策劃已經不符合當下市場的流行趨勢。縮短遊戲的開發周期，是使遊戲能迅速適應市場變化的有效途徑。

遊戲開發週期變短，則遊戲美術製作週期也隨之變短。遊戲專案製作需經歷"立案-策劃案-程式架構設計-底層開發-工具開發-上層邏輯編寫-美術資源製作-整合-測試"的單向資源流動過程，如一款開發週期為 3 個月的遊戲，經過以上步驟，遊戲美術的製作週期僅為 1 個月左右。（圖 1-26）

3. 遊戲美術精品化趨勢

遊戲設計在遵循由簡單到複雜的路線發展，遊戲美術設計也同樣經歷著這樣的過程。相對比早期遊戲，新世紀遊戲美術趨於精品化主要有三方面的決定因素：技術發展、市場競爭與消費需求。

遊戲美術發展過程與電腦技術的發展緊密相關。早期遊戲受電腦技術發展制約，為避免大量資料運算，而減少畫面內容。玩家與遊戲之間的互動簡單，遊戲畫面抽象，色彩單調，形象生硬。當前電腦技術的快速發展，使遊戲畫面具體化、精品化成為可能。

遊戲市場的不斷擴寬，使市場優勝劣汰的局勢加重。現今在低成本就能研發遊戲的市場大環境下，一款遊戲要佔據相對穩定的市場地位，就必須以高品質取勝。而遊戲美術作為遊戲市場競爭的重要戰略手段，高品質畫面的市場優勢是明顯的。

科技發展到一定程度，玩家對遊戲的交互性及畫面將提出更多新的要求。未來的遊戲畫面更為複雜豐富，遊戲中人機互動界限更為模糊。更多的視覺要求必然導致增加大量的遊戲美術工作，使遊戲美術的分工更為精細，對遊戲美術的要求更為苛刻，進一步促進了遊戲美術向精品化發展。（圖 1-27）

▲ 圖 1-26 《憤怒鳥》

▲ 圖 1-27 《血雨》遊戲畫面

二、遊戲美術製作的特點

遊戲美術包含遊戲製作中所有遊戲圖形及畫面的繪製，是遊戲最終實現視覺化不可缺少的一個重要環節。隨著遊戲行業的發展變化，市場競爭的日益加劇，遊戲美術在遊戲中的功能也發生了變化：不再是單純地表現遊戲畫面和服務資訊，而是成為現代遊戲設計與製作中吸引更多玩家的戰略手段和競爭策略。

（一）遊戲美術製作是以使用者視覺

遊戲美術要求樹立以遊戲玩家視覺體驗為中心的市場觀念（圖1-28），強調現代遊戲美術必須建立在市場調查、產品調查、玩家調查、競爭對手調查和綜合分析的基礎上。確定遊戲成品目標、訴求物件和遊戲主題，要從目標玩家的審美需求出發，既要講究嚴密的科學性和計畫性，又要注意理論和實踐經驗相結合，使遊戲美術在開拓潛在市場、樹立品牌和遊戲企業形象等方面成為有力的促銷手段。

（二）遊戲美術製作是遊戲企業整體行銷活動的有機組成部分

遊戲美術設計是為實現整個遊戲製作的戰略目標服務的。它受企業的市場目標所限定，作為市場行銷的促銷組合手段之一，有很明確的目的性和約束性，是一種目的性很強的資訊物質化、藝術化的表現。

遊戲美術設計是企業在市場競爭中的一個重要手段，在目前市場遊戲商品品質不相上下的情況下，遊戲美術設計師必須具有提高產品的知名

▲ 圖 1-28 《奇跡時代 3》遊戲畫面

▲ 圖 1-29《工人物語 7》遊戲畫面

度、樹立遊戲企業良好形象的競爭策略意識，才能設計出實用性與審美性較高的遊戲美術，有利於企業遊戲在市場中的生存和發展。（圖1-29）

（三）遊戲美術製作是綜合性很強的學科

遊戲美術設計需要掌握的專業知識範圍很廣泛，涉及多種學科，如心理學、設計學、文學、社會學和美學等。從事遊戲美術設計除了要有較為系統的專業理論和相當的設計基礎外，還必須具備廣泛的知識及專業經驗，因為遊戲的成敗與市場行銷活動有很大的關係。（圖1-30）

▲ 圖 1-30 《我的世界》遊戲宣傳畫

▲ 圖 1-31 《暗黑破壞神 3》遊戲中玩家戰鬥資訊畫面

遊戲美術設計有很嚴密的科學性與程式性。首先它要求從市場調查入手，確定目標市場及目標玩家，根據產品定位和玩家的需求心理，擬定遊戲美術設計策略和訴求主題，然後將創意作視覺化表現，進行設計製作，最後到媒體選擇和發佈的效果測定。每一個階段都需要科學地運用不同領域和門類的知識，才能從總體上有助於遊戲美術預期目標的實現，所以，現代遊戲美術設計的根基是建立在多種知識的綜合運用上。

（四）遊戲美術製作強調發揮集體的智慧與整體的協調

遊戲美術從策劃、主題確定、創意表現、設計製作到效果測定，採取綜合一體化的實施，崇尚集體精神，綜合運用遊戲策劃專家、文案專家、美術設計家和程式專家等各種專業人才的智慧和力量，在總體策劃下按照遊戲主題和創意表現的要求，以集體創作的方式來完成。（圖 1-31）

三、遊戲美術的作用

（一）有效地傳遞遊戲世界觀和相關服務資訊

在遊戲中，遊戲世界觀和服務資訊的傳遞已成為現代遊戲企業行銷的一項重要工作。遊戲美術作為企業傳遞商品和服務資訊最常用的方式，具有雙向資訊溝通的作用。它有效地把遊戲世界觀與服務資訊傳遞給玩家，使玩家認識、瞭解，並產生好感，引發興趣，刺激需求欲望，最後促成購買行為。（圖 1-32）

（二）用優質的遊戲畫面，樹立良好的遊戲口碑

遊戲口碑是指社會公眾對遊戲的整體印象和評價。遊戲給玩家留下的印象，是由玩家給予此款遊戲的價值評價，一款優秀的遊戲會透過玩家互相傳頌而獲得大批忠實的遊戲追隨者。

▲ 圖 1-32 網路遊戲《暗黑破壞神 3》地圖

一款遊戲要給玩家留下製作精良的印象，應具備成功的畫面表達及受到玩家肯定的操作與運營方式，成功的畫面可以給玩家最直觀地對遊戲的認識，優秀的操作是玩家深度體驗遊戲的核心內容。合理的運營方式可以使遊戲具有更廣的傳播力。

GAMEBAR 總裁孟憲明說過："做受人尊敬的遊戲公司，做讓玩家感動和自豪的遊戲作品。"樹立良好的遊戲口碑是遊戲美術設計的重要使命，它可以影響玩家對遊戲的好奇心，使遊戲獲得很高的記憶度和熟悉度、良好的印象度和行為支持度，從而有效地提高遊戲在市場上的競爭力。

《孤島危機》是一款科幻題材的第一人稱射擊遊戲，其將靈活刺激的遊戲體驗與驚人的視覺效果相結合，是至今最好的射擊遊戲之一。

這款遊戲的美術畫面主要運用了寫實的表現方式。遊戲中有大量精細的三維模型，大到建築物、巨型怪物，小到槍械建模（槍模數量及種類很多，包括颱風步槍、等離子武器、外星科技武器、獵食者弓弩等）等。遊戲畫面中的物體關係清晰，色彩鮮亮，光影效果豐富絢麗，而這種色彩與光影的變化細緻到每叢植被上的一花一葉，造就了獨一無二又真實可信的遊戲世界。《孤島危機》整體畫面逼真，場景中的物體具有豐富的質感變化，使實際遊戲畫面與精緻的遊戲 CG 畫面品質幾乎達到一致，達到了全新的遊戲視覺效果標準。（圖1-33）

（三）刺激目標玩家的需求欲望

遊戲玩家在玩遊戲的過程，可以看作是一個從產生需要到滿足需要的過程。遊戲玩家需要的產生是受到某種刺激的反應，而遊戲玩家選擇遊戲的行為是由時常受到外界刺激而產生的選擇動機支配。

遊戲美術其中的一個功能在於引起玩家的注意和提起玩家的興趣。把它們引導到具體的商品和服務上來，使遊戲商品和服務成為玩家的購買目標，不僅滿足於現在的需要，還要誘發其新的和更高層次的需要，形成新的購買目標，啟發和誘導玩家產生新的消費需求，如此迴圈上升，永無止境。

《魔獸世界》的美術風格為典型的美式卡通，其畫面使用寫實的表現手法，注重物體間的質感表達，突出畫面的整體色調，強調人

▲ 圖1-33 《孤島危機3》

▲ 圖1-34 《魔獸世界》遊戲畫面

▲ 圖 1-35 《割繩子》

物與場景的融合感。《魔獸世界》中有大量恢宏磅礴且細節刻畫真實的場景，令玩家在體驗遊戲的同時，有更好的視覺感受，並對遊戲產生更強烈的代入感，從而在遊戲世界中流連忘返。甚至有的玩家，起初只是為了感受遊戲世界中壯闊的場景而進入遊戲，繼而才被遊戲玩法、遊戲操作等其他因素吸引著繼續進行遊戲世界的冒險。（圖 1-34）

（四）吸引更多遊戲玩家

遊戲畫面作為遊戲呈現的第一道風景，是玩家接觸遊戲的第一印象。能否吸引玩家注意，並進入遊戲世界，取決於遊戲畫面是否足夠精美，充滿吸引力。精彩的遊戲劇情需要通過遊戲美術呈現在玩家面前，玩家感受到畫面的震撼，才會驅使其繼續探索遊戲世界的奧秘。

《割繩子》是 Chillingo 公司推出的老牌益智類遊戲，其在遊戲美術風格與玩法上相得益彰。遊戲整體畫面採用平面化的造型方式，角色形象簡潔，具有幽默感，色彩明快統一，互動資訊清晰明瞭，畫面營造出歡快爽朗的氣氛，成功地吸引了玩家的注意力，繼而進入操作簡單而具有趣味性的遊戲世界。（圖 1-35）

（五）給遊戲玩家以審美引導

遊戲美術不僅要傳遞遊戲本身的資訊、刺激玩家的需求，從而達到促銷的目的，作為一種藝術形式，遊戲美術還應該給人以美的教育和薰陶，使玩家在遊戲過程中得到精神上的享受，引發玩家積極向上的精神，豐富玩家的業餘生活。

《機械迷城》是由捷克獨立開發小組 Amanita Design 設計製作的一款冒險遊戲，並在 2009 年獨立遊戲節上獲得了視覺藝術獎。遊戲採用 2D 背景和人物，沒有文字對白，遊戲畫面由手工繪製而成，唯美而富有童話色彩的背景框架是遊戲的最大特色。

法，使人感到獨特的親切感。畫面細膩的刻畫手法極具感染力，城市的每個地點都會給玩家不同的場景體驗。複雜機械所組成的遊戲世界中，每個機器人都看起來意外的老舊、銹蝕，昏黃渾濁的天空、崎嶇不平的道路以及雜亂無序的建築、四處散落的零件，使整個遊戲畫面別具一格，給玩家以審美感受。（圖 1-36）

《風之旅人》是一款超越人們對遊戲傳統概念的另類遊戲，讓人們從感官認同到心靈共鳴。卓越的視效技術與前衛的動畫和美術風格完美結合，遊戲畫面如詩如畫，可帶給玩家前所未見的新鮮視覺體驗。

《風之旅人》讓玩家體驗探索廣袤未知土地的奇妙感覺，頗有一種隨風而逝、無拘無束的解脫感，看似平淡無奇的操作卻因遊戲畫面的精緻唯美帶給玩家無與倫比的奇妙感覺，讓玩家在不經意間被那足以令人窒息的美麗所打動。（圖 1-37）

▲ 圖 1-36 《機械迷城》遊戲畫面

▲ 圖 1-37 《風之旅人》遊戲畫面

四、遊戲美術的前期策劃

遊戲美術前期策劃，以市場調查為出發點，透過市場調查提高市場行銷。從調查分析提出解決問題的辦法，為公司制訂產品計畫和行銷目標，決定分銷管道，制訂行銷價格，採取促進銷售策略和檢查經營成果提供科學依據。在行銷決策的貫徹執行中，為調整計畫提供依據，發揮檢驗和矯正的作用。

遊戲美術設計前期，需做好自身的市場定位。所謂市場定位，就是勾畫遊戲在目標市場即目標玩家心目中的形象，使遊戲企業所設計的遊戲美術具有一定的特色，適應一定顧客的需求和偏好，並與競爭者的產品有所區別。市場上同類遊戲風格繁多，各具特色，廣大玩家都有自己的審美取向和認同標準，定位就是勾畫一個遊戲有別於其他遊戲的特徵。所以遊戲要想利用美術畫面在目標市場上取得競爭優勢和更大的效益，需結合以下市場調查的要求。

（一）瞭解廣大用戶的審美訴求，策劃出符合需求的遊戲產品

如今人們在選擇參與遊戲活動時，越來越注重個性化。因此，遊戲企業要確定具體的目標玩家群（圖1-38），對目標玩家群定位的前提是對市場進行細分。透過合理、嚴密的市場細分，企業可以對各細分市場中的消費需求和市場競爭狀況進行對比，這樣既可以根據對比結果瞭解和掌握各細分市場中目標玩家的需求滿意度，同時又可以看出自身所具有的優勢和劣勢，這有利於遊戲企業採取正確的行銷策略。

（二）瞭解遊戲行業最新動態，把握遊戲美術大方向

由於人們對新鮮事物的探索是永不停止的，需求也是多樣化的，因此，任何遊戲包括規模最大的遊戲也不可能滿足玩家群的全部需要，而只

▲ 圖 1-38 《粘土果醬》宣傳畫

▲ 圖 1-39《巫師 3：狂獵》遊戲畫面

▲ 圖 1-40《爐石傳說》

能滿足其中一部分。也就是說，遊戲企業必須充分認識自身的優勢和劣勢，為自身確定一個恰當的市場定位，即確定遊戲企業的市場領域。

越來越多的遊戲企業家明白一種遊戲在市場上十幾年不變仍然能保持壟斷地位的日子已經一去不複返了，開拓新市場勢在必行。現今遊戲產品的市場壽命越來越短，更新換代的速度越來越快。真正的市場定位是在市場細分的基礎上做出的。遊戲企業透過市場細分，可以掌握玩家對遊戲畫面的不同需求情況，從而發現未被滿足或未被充分滿足的需求市場。遊戲企業根據市場細分和企業自身優勢正確定位自己的遊戲美術市場，尋找新的設計重點，開拓新市場。（圖 1-39）

（三）瞭解市場遊戲，提高產品競爭力

知己知彼，百戰百勝。任何遊戲都有自身的長處和短處、優勢和劣勢，如果在市場上盲目出擊，就極有可能導致失敗。確定遊戲相對於競爭者的市場位置，遊戲企業要準確分析自己的產品與競爭對手的產品在成本及品質上的優勢，以優勢對劣勢打擊競爭產品佔領市場，進而增強企業遊戲在市場上的競爭力。（圖 1-40）

五、遊戲美術人才的基本素質

在知識經濟和資訊時代的 21 世紀，隨著世界統一大市場的加速形成，將是經濟、文化、科技競爭異常激烈的時代。21 世紀是資訊與高智慧競爭的時代，是國際行銷的時代，是創造新需求的時代。遊戲美術設計業是一個知識密集、技術密集、人才密集的高新技術產業，是一個涉及面很廣、專業性很強的行業。因此，遊戲美術設計人才應具備特有的素質才能擔當重要的責任與使命。世界上的一切競爭，歸根結底是人才的競爭，這點對遊戲業來說也是一個不可更改的法則。在全球經濟一體化的趨勢下，中國遊戲業必將走向世界，這需要有一大批高素質、多學識、強能力的遊戲設計人才，才能不斷創造出高文化含量、高品位、有著強烈藝術魅力的優秀遊戲作品。面對新世紀、新時代的挑戰，現代遊戲美術設計人才必須具備以下基本素質：

（一）有強烈的事業心和高度的責任感

美術遊戲設計師是一個需要付出全部心智的、艱難的職業，沒有"願為遊戲奉獻終身"的強烈事業心和勇氣，是難以全身心投入其中並成大氣候的。只有把遊戲美術設計當作一項永恆的事業和始終不渝的人生追求，才能不斷攀登高峰，達到遊戲美術設

計創造的新境界，為推動中國遊戲業的發展做出應有的貢獻。

遊戲作為現代社會一種資訊傳播活動，要求遊戲美術設計人才必須有對社會高度負責的精神，有強烈的使命感、責任感以及高尚的職業道德，嚴格遵循遊戲美術設計的基本原則，以嚴謹的態度繪製健康、具有審美價值的遊戲畫面，始終追求並設計出符合遊戲總策劃、具有實用性價值的遊戲美術作品。（圖1-41）

（二）有很強的創造性思維能力

西方哲學家認為，創意即創造意識，是人類創造性認識活動中最積極的精神現象，是神奇的創造之花和人才的標誌。遊戲美術的本質是創造，因而作為設計主體的設計師是否具有創造才能是相當重要的，是衡量遊戲美術設計人才基本品格的重要尺規。（圖1-42）

遊戲美術設計取得成功的因素是多方面的，但最重要的也是最根本的就是獨創性，想別人沒有想到的東西，發現別人沒有發現的東西。唯有獨特、與眾不同才能出類拔萃。

豐富的想像力是創造性才能的一個重要標誌，是孕育形象進行遊戲美術創意的基本條件，是進行遊戲美術設計的重要前提。遊戲美術設計人才需要具有變革精神，要思想解放，視野開闊，樂於接受新事物，善於學習借鑒，有探索創新精神，敢於標新立異。

如今的中國原創勢力加大，但力量仍顯不足，針對國產遊戲遭遇的成長尷尬，相關專家指出，"很多廠商都看到了中國市場的強大，能夠賺到足夠多的錢，但大家都忽略了，像網游這樣原創性非常強的行業，無論是從居安思危的角度，還是從更遠大的抱負參與國際市場競爭，形成中國企業在國際市場上的競爭地位和競爭優勢，這些方面都離不開自主創新。"

▲ 圖1-41 手機遊戲《石器時代》畫面

▲ 圖1-42 《鬥戰神》人物設定

(三) 善於學習並具有廣泛的知識面

遊戲美術設計既不是純科學技術，也不是純藝術，而是科學、藝術、文化、經濟的高度融合，是多種學科交叉的綜合學科，加以學科交叉融合的發展趨勢，必然要求遊戲美術設計人才具有廣闊的知識面。

一個優秀的遊戲美術設計人才，必須具有廣泛的專業知識與技巧，要掌握美術設計、動植物學、人體解剖學、建築學、心理學等專業知識，另外對文學、藝術、美學、科學常識、生活等方面知識要具有相當的素養，同時對瞬息萬變的生產、流通、消費、流行這些市場現象以及經濟、文化等問題有確切的瞭解，並把這些知識昇華為智慧，轉化為解決問題的能力。（圖1-43）

(四) 有很強的設計能力和審美素養

專業設計能力是遊戲美術設計人才必須具有的首要條件。只有具備很強的設計能力，才能運用各種表現技巧把創意構想生動形象地表現出來，使人能瞭解設計意圖及具體的視覺效果；才能有效地與遊戲總策劃、3D製作員及遊戲程式師進行溝通交流，提出修改意見。

優秀的遊戲美術設計人才應有高人一籌的審美本能，其中包括敏銳的觀察力、豐富的想像力、靈活的構想力等。並且要有很高的藝術修養，喜愛各種藝術形式，將這種審美修養轉化為設計審美的綜合優勢，在設計過程中能觸類旁通、左右逢源、突發奇想，這是在關鍵時刻成為出奇制勝的重要因素。（圖1-44）

▲圖1-43《紀念碑穀》空間錯視遊戲

(五) 有良好的群體意識和協調力

遊戲美術設計往往涉及多種學科領域，必須調動多方面人才的智慧和技能，才能有效地進行設計工作。"頭腦風暴"團隊進行創意開發的方式，已證明是行之有效的。在一個由多方面人才參與設計的團隊中，必須發揚團隊精神，建立良好的人際關係，有群體意識，善於傾聽和尊重他人的意見和看法，不要故步自封、自以為是，要能採納他人合理的建議。

遊戲美術設計人才還要注意溝通技巧，不曲意奉承，敢於堅持正確的設計主張，並善於用道理說服遊戲策劃者接受自己的想法。（圖1-45）

▲圖1-44《Dragonica》遊戲海報

▲圖1-45《龍之刃》遊戲畫面

六、單元導引

目標

教師透過對本單元的教學，使學生瞭解整個遊戲行業的歷史脈絡及遊戲美術的發展趨勢，認識遊戲美術製作的特點與遊戲美術在遊戲製作中的作用，掌握在不同歷史環境下遊戲市場對遊戲美術需求的變化，適應在不同時代和市場背景下遊戲市場的潮流。依據遊戲美術人才基本素質的要求，建立良好的學習意識，為之後幾個單元的學習打下堅實的基礎。

要求

任課教師在教學過程中，根據本單元論述的基本理論框架，結合遊戲案例，講述遊戲行業的整個歷史和變化規律，將遊戲美術的發展趨勢結合遊戲美術製作的特點和作用來進行闡述，將其寓於生動具體的講授之中，使學生能直觀地瞭解本單元的課程內容。

重點

在本單元中，遊戲美術製作的特點、遊戲美術的作用、遊戲美術的前期策劃這三個方面為重點教學內容。本單元講解了遊戲美術製作的特點，強調遊戲美術在一款遊戲創作中的重要地位及作用，對遊戲美術的前期策劃進行分析闡述。使學生透過本單元的學習，能夠建立起遊戲美術的理論知識構架，在此基礎上，準確把握遊戲美術製作的大方向。

注意事項提示

在本單元的教學過程中，教師應清晰明瞭地對遊戲行業發展與遊戲美術需求之間的關係做產生實體講解，對不同經濟背景下所產生的遊戲及遊戲美術的特點能結合實際舉例描述，並能夠透過對市場需求與對玩家負責的態度之間的辯證關係的論述，使學生辯證地看待兩者訴求中矛盾與統一的關係。

小結要點

透過本單元的教學，學生是否掌握在不同歷史環境下的遊戲市場中游戲美術的變化趨勢？對遊戲美術製作的特點及遊戲美術在遊戲製作中的作用認識怎麼樣？對不同環境下遊戲的發展歷史和遊戲美術的發展脈絡是否有所瞭解？對遊戲美術的概念與意義

為學生提供的思考題

1. 在進入本單元的學習之前，對遊戲美術的理解是怎樣的？
2. 遊戲美術的興起與發展具有怎樣的時代特徵？
3. 遊戲美術具有哪幾個方面的功能價值？
4. 遊戲美術前期策劃的重要性。如何透過遊戲美術的前期策劃提高遊戲產品競爭力？
5. 遊戲美術在整個遊戲的誕生中所處的地位和重要性。遊戲美術人才的基本素質對遊戲產品的作用和影響。

學生課餘時間的練習題

1. 收集目前市面上受眾面較廣的幾款遊戲，瞭解其遊戲的創作初衷及製作流程。
2. 分析當下的遊戲市場中幾款主流遊戲的美術風格特點，並總結當今遊戲美術風格的流行趨勢。

作業命題

1. 梳理一款具有多個版本的RPG遊戲，將每個版本的變化進行比較與分析（情節設置、美術風格、美術製作手法等變化）。
2. 結合本單元所學習的內容，策劃一款簡單的益智類遊戲的美術部分，並分析所策劃的遊戲畫面相比同類遊戲的優勢。

作業命題的緣由

在本單元的教學過程中，雖然學生對遊戲美術的概念及其功能價值有所瞭解，但還不夠深入，都只是一個粗淺的認識，為了加強對後面單元教學內容的鋪墊，需透過市面上發行的成功遊戲案例來獲取相應的專業知識背景資料。

學生要實現從玩家到設計師的身份轉換，需要對遊戲產品的美術部分的概念和功能價值有所瞭解，做好專業理論知識鋪墊。結合本單元的理論知識，透過對一款具有多個版本的遊戲產品的每個版本的變化進行比較與分析，瞭解其發展趨勢和變化規律，可以調動初學者的主觀能動性，從而透過學習與總結，自己策劃一款遊戲的美術部分，並分析所策劃的內容與同類遊戲相對比的優勢，使其更加積極主動地進入學習狀態中。

在這個作業命題中，需要學生運用科學的方法，有針對性、系統性地收集、記錄、整理目前市面上主流遊戲產品中美術部分的資訊和資料。為學生正確認識遊戲美術在遊戲產品中的發展提供客觀、準確的資料，透過實踐性學習進一步鞏固遊戲美術的理論基礎。

命題作業的具體要求

同學們在完成命題作業時主要從以下四個方面進行：

1. 選取市場上受眾廣泛的遊戲產品進行分析，考慮其遊戲產品的受歡迎程度和其畫風的潮流傾向等，分析其版本的變化趨勢。
2. 注意梳理物件的廣泛性、客觀性，切不可按個人興趣偏重，所做的內容應該儘量豐富廣泛，以免有失偏頗。
3. 策劃內容忌空泛，作為學習者，內容要做到全面、具體，條理清晰、簡練，要有重點。
4. 在分析所策劃的遊戲畫面相比同類遊戲的優勢時，要注意其畫面風格、造型特點、遊戲操作性等，並對遊戲美術部分應進行重點分析。

第 2 單元

遊戲美術製作的內容

一、遊戲美術策劃流程

二、遊戲美術製作概述

三、單元導引

重點：本單元著重講解了遊戲美術的策劃流程與製作的概念與意義。

對遊戲美術策劃與製作的構成要素進行分點講解，具體分析遊戲美術製作從計畫到實施的整個流程以及相關的工作特點。

透過本單元的學習，學生能夠清晰瞭解遊戲美術的策劃及製作流程，並能透過課程內容的講解，分析出市場上已經在運作的遊戲中美術製作部分的流程劃分。

難點：能夠正確認識到遊戲美術策劃對遊戲美術製作的意義；能夠透過具體案例的分析，客觀深入地瞭解遊戲美術製作流程在遊戲創作中的作用，並能夠針對不同的遊戲類型制訂出相應的遊戲美術策劃方案及製作流程。

一、遊戲美術策劃流程

（一）遊戲美術策劃的概念與意義

1. 遊戲美術策劃是遊戲製作的有機組成部分

遊戲美術策劃是具有社會價值、文化價值和商品價值的有機統一體。其本身具有的社會價值屬性，透過傳播活動，發現社會或他人物質、精神的發展規律及內在矛盾，並做出一定的貢獻。在文化價值上，一方面存在著能夠滿足文化需要的遊戲群體，另一方面存在著具有文化內涵的遊戲產品，並通過玩遊戲的過程產生其特有的價值體系。遊戲美術雖然具有商品的基本特性，但又不同於簡單商品，在嚴格的意義上說，遊戲美術策劃是一種建立在文化價值上的體系，它的過程和結果具備所有文化的屬性和價值。一款傑出遊戲的美術策劃，應建立在服務於社會、立足於本民族優秀的文化歷史積澱以及文化發展的基礎上。

遊戲美術策劃的過程是科學技術與藝術的結合體，是藝術本體在科技支撐下的產物。它的存在和進步一方面體現著人類科技的最新成果，另一方面體現著藝術與新媒體的完美融合。

遊戲美術策劃的內容是為實現遊戲總體戰略目標服務的，它直接參與到遊戲策劃中，受遊戲總策劃的方向及目標所限定，起到溝通遊戲策劃部門、遊戲程式部門以及為遊戲美術設計制訂指導性目標的作用。透過溝通與提前策劃，能較好地克服遊戲美術在設計過程中的盲目性，使美術製作始終服從於遊戲整體策劃，具有較強的整體性、客觀性與科學性。（圖 2-1）

2. 遊戲總策劃目標由遊戲美術策劃和游戲程式策劃配合實現

遊戲美術策劃和遊戲程式策劃是實現遊戲總策劃目標的兩個重要環節，是遊戲設計的前提和基礎。完整的遊戲呈現需要兩者相互配合協作才能實現。

▲圖 2-1 《永恆之塔》遊戲海報

▲圖 2-2 《分裂細胞》遊戲畫面

遊戲美術策劃為遊戲製作提供遊戲世界觀視覺化與深化表現的指導。遊戲美術策劃的主要任務在於把遊戲總策劃所表達的意圖，總結並轉換成美術語言，統籌美術製作全域，其中包括確定遊戲美術風格，研究世界觀的思路與遊戲引擎的配合，從而實現遊戲畫面與遊戲總策劃目標緊密結合。遊戲美術策劃必須科學、系統、有計劃地進行，使其發揮良好的指導作用。

遊戲程式策劃根據遊戲策劃確定的遊戲主題和玩法構建遊戲世界，並使其運轉起來。同時還要將遊戲美術設計和音訊設計階段的作品集成到遊戲世界中去，從而形成一個集視覺、聽覺和操作為一體的多媒體交互系統。（圖 2-2）

▲ 圖 2-3 《植物大戰僵屍 2》遊戲畫面

▲ 圖 2-4 《激流快艇》遊戲畫面

3. 遊戲美術計畫是遊戲美術製作的目標和規範

遊戲美術計畫是遊戲美術策劃為實現遊戲總策劃目標而制訂的設計規劃。它是根據遊戲總策劃及最終實現目標的需要，為遊戲美術製作環節確定出系統性的製作方案，如確定目標、規劃呈現方式、細化製作步驟、具體製作方法、確定目標完成時間、分配工作人員等。遊戲美術計畫是遊戲美術從策劃到實施的最重要環節。

遊戲美術計畫還要考慮到企業形象的推廣層次與力度，遊戲的形象和遊戲宣傳物件的自我形象一致性以及推出的計劃性和階段性。在做出一個有關遊戲美術的決策時，有必要根據實際情況進行調查研究，不斷從心理學角度檢查遊戲美術計畫的正確性。在遊戲資訊和設計中運用的圖形、標誌和遊戲媒介必須與企業的文化形象和視覺形象相統一，把它們和遊戲進行有機的整合。

在遊戲美術計畫中，對於遊戲美術所要達到的效果事先逐個加以確定。其目標主要分為非經濟性目標與經濟性目標。非經濟性目標在遊戲美術計畫中是以心理學的準則為基礎，其更關注遊戲的文化性與創新性，受眾在遊戲體驗過程中所感受到的遊戲文化與企業文化的輸出等。在每個具體的專案中，非經濟性目標的側重點都有所不同，最終會以極不相同的表現形式呈現。經濟性目標一般較為明確，其定位和具體的細分則應從市場行銷上的策略進行配套並制訂實施方案。

遊戲美術設計者必須認真瞭解與研究遊戲美術計畫，使它成為遊戲美術設計的依據和目標規範，才能設計出成功的遊戲美術作品。（圖 2-3）

4. 遊戲美術計畫對遊戲美術的執行具有重要的指導意義

遊戲美術的執行是由多團隊合作完成的。合理的遊戲美術計畫將遊戲美術製作細分成若干個執行板塊，將具體繪製工作落實到不同的製作團隊，使遊戲美術製作工作有效率、有秩序地進行。如遊戲美術中的人設、GUI 分別由人物設計團隊、GUI 製作團隊負責繪製。如果脫離了遊戲美術計畫，對遊戲美術製作分工 安排不慎，容易發生製作缺口，造成在指定時間無法完成任務或 無法與遊戲製作其他部門完成對接的狀況，會給遊戲製作帶來巨 大風險。（圖 2-4）

（二）遊戲美術策劃的基本構成要素

1. 屬於框架策劃的構成要素

（1）對遊戲市場、行銷模式以及文化性定位的確立 對遊戲市場、行銷模式及文化性的定位是遊戲策劃在行銷活動中必不可少的研究項目，這三方面的清晰定位對遊戲的成功開發有著至關重要的作用。遊戲美術策劃需對遊戲策劃做出的定位結果有明確、透徹的認識，並依據定位結果制訂遊戲美術計畫。

▲ 圖 2-5 《俄勒岡之旅》遊戲畫面

遊戲市場的定位對於遊戲美術策劃有著指導性的意義。市場調查是市場行銷的出發點，是提高遊戲市場營銷效果的一種管理方法，從調查分析提出解決問題的辦法，為公司制訂產品計畫、行銷目標，決定分銷管道，制訂行銷價格等。行銷模式是指把遊戲透過某種方式或手段，傳達至玩家面前的方式，完成"製作-發行-玩家-版本更新"的完整環節。遊戲行銷模式決定了發佈的途徑和層次。遊戲文化性定位的確立則為遊戲美術策劃提供背景元素的參考。（圖2-5）

（2）對遊戲世界觀的梳理

遊戲世界觀即為對遊戲世界的主觀先驗性假設，在一個遊戲中，幾乎所有的元素都是世界觀的組成部分。遊戲世界觀在電子遊戲中是普遍存在的，不存在沒有世界觀的遊戲。它是和遊戲系統概念相對應的。所謂遊戲系統是指透過遊戲者的控制，對一個遊戲價值觀進行闡釋，並保證價值觀在遊戲中發揮作用的綜合手段。和遊戲系統偏重操作性不同，遊戲世界觀的特點是描述性，它是在利用一切手段來告訴玩家遊戲中有一個什麼樣的世界，講述是傳達遊戲世界觀的重要方式。世界觀和系統相互交融，有些涉及遊戲世界規則的地方，世界觀就要靠系統的解讀來傳達。前者在遊戲中的作用，是告訴玩家這是一個怎樣的世界，而後者的作用則是告訴玩家在遊戲中能做什麼、不能做什麼、做了能得到什麼的手段。世界觀和系統透過遊戲的價值觀連接，遊戲的價值觀是在遊戲世界觀的基礎之上對遊戲世界根本規則的評價。在成熟的遊戲設計中，三者構成一個X型體系。兩端（遊戲世界觀和系統）的外延可以無限擴大，而坐落在交點位置的就是遊戲的核心價值觀，形成這一體系的基礎是遊戲世界觀，它像金字塔堅實的底座一樣，托起了其上的價值觀和遊戲系統，構築成一個完整穩定的遊戲結構。

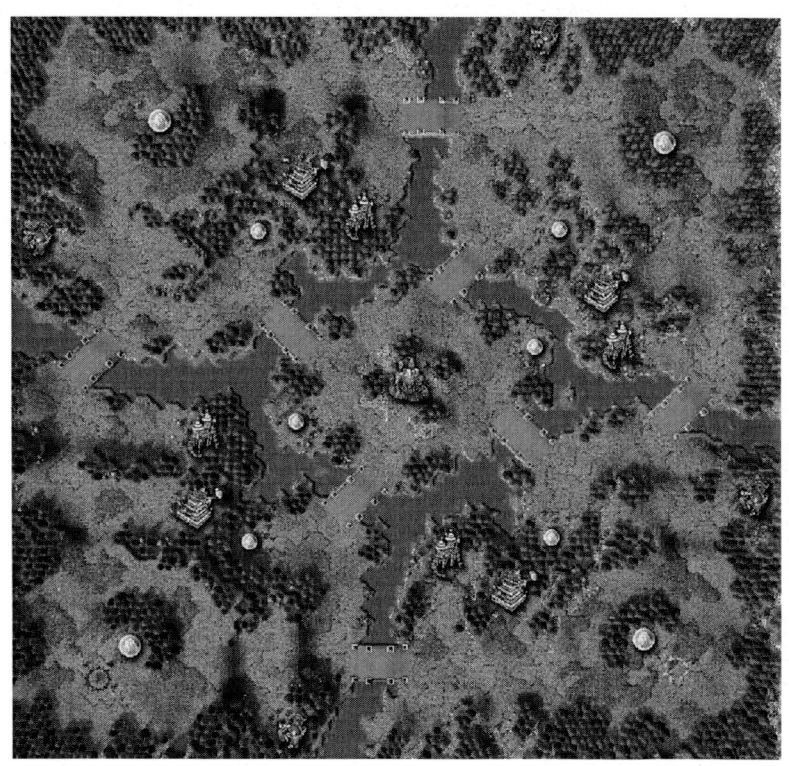

▲ 圖2-6 《魔獸爭霸》地圖

同時，遊戲世界觀具有"可設定性""可描述性"和"可分類性"三個基本屬性。遊戲世界觀的"可設定性"是指遊戲世界觀是可以設定的，它會經歷一個從無到有的過程，是遊戲設計者創造出來的東西，它可以通過文字、圖像或其他藝術手段傳達出來，可以被人們所認知、瞭解並接受。"可描述性"是指遊戲世界觀可以被形容、被描述，通常用來形容世界觀的詞彙有：獨特、宏大、壯闊、厚重等。遊戲設計者可以透過形容和描述的手段來告訴我們遊戲中有一個什麼樣的世界，描述是傳達遊戲世界觀的重要方式。"可分類性"是指可以從不同的方面對世界觀進行分類，如以時代背景分類、以地欄位型別分類等。（圖2-6）

遊戲世界觀為遊戲美術設計師提供美術設計的依據及構思。在遊戲美術策劃活動中，必須對遊戲世界觀的構成元素進行梳理及靈活運用，制訂出具體、有針對性的美術創作計畫。

（3）對遊戲受眾群的定位

遊戲受眾群的定位是遊戲美術前期策劃的重要組成部分，這部分的策劃要求美術人員有一定的心理學基礎，對不同類型的人群需求有較強的把握能力。

遊戲美術根據不同的人群定位，在美術風格上也大相徑庭。針對女性題材的遊戲，在遊戲的風格設計上會更偏向卡通，色彩設計上會更多使用鄰近色和淡色系，如《天天愛消除》《小小盜賊》（圖2-7）等；針對兒童的遊戲題材，內容不會涉及較為性感的形象，造型也都比較接近兒童比例。色彩較為豔麗的原因也是由於兒童對色彩的感知度較成人會更弱一些，如《摩爾莊園》等；而針對成年男性的設計就更為硬朗，色彩和質感都偏向金屬系列，如《暗黑破壞神》

▲ 圖 2-7 《小小盜賊》遊戲畫面

▲ 圖 2-8 《暗黑破壞神》遊戲畫面

（圖 2-8）等。

不同社會地位的人群對遊戲美術的需求也不同，較高學歷的人群更喜歡對比較弱的色彩，如《魔獸世界》等；學生更喜歡對比明快的色彩，如《三國殺》卡牌遊戲等。這就要求從業人員能夠具體清楚地對遊戲定位，模糊的定位只會創作出失敗的遊戲。

（4）對遊戲美術製作團隊的能力作客觀判斷

在制訂美術風格前，需要瞭解團隊的能力，對技術水準的認識做出準確的判斷。如果定位很高，但因與團隊的實際能力差距太大而無法實現，則容易造成團隊軍心渙散，這並不是喊口號就能解決的事情。在製作過程中，還需確認遊戲引擎是否能支持，程式是否可以實現美術的想法，否則，確定的美術風格再新奇再有創意，實現不了也是白費力氣。遊戲美術策劃不僅要進一步完善遊戲總策劃的想法，設計出更具創新性的遊戲畫面，也要確保設計結果能夠在遊戲中實現。（圖 2-9）

需要注意的是，一旦確定了美術風格和製作標準，就不要輕易改動。創作團隊各成員的實力隨著工作的進程，是在不斷提升的，因此常常會產生"即使當初感覺製作很好的東西，到後期看也覺得不怎麼樣"的感覺。如果在製作過程中為了滿足不斷提高的審美標準，而去改變之前已經確定並製作完成的作品，會形成製作過程的無限迴圈，導致遊戲檔期不斷延後，上市時間嚴重滯後，最終脫離遊戲市場的發展步伐。

（5）對遊戲美術風格的確定 市面上遊戲種類繁多，但不論遊戲是射擊類、角色扮演類，還是策略類，每個優秀的遊戲都會有自己的畫面風格使自己區別於其他的遊戲，這也相當於遊戲的品牌效應。遊戲的主題有很多種，但是美術風格種類基本可分為寫實風格和非寫實風格兩大核心分類，在這兩大類裡還可細分出更多的小類。設計工作伊始，需要確定遊戲美術風格。典型的美術風格有：寫實風格，非寫實風格中的卡通風格、個性化風格。

寫實風格是以現有和古代已經存在並有所考察的物質為創作主體，進行適度的誇張，主要是以更改設計元素時代背景而衍生出來的各種類型的新形象。通常歷史類、恐怖類、第一人稱視角射擊以及在遊戲中展現現實世界等遊戲類型，多採用寫實類風格。採用此類風格能夠讓玩家較快地融入遊戲的世界裡，場景更具真實感，氣氛更具渲染性。（圖 2-10）

卡通風格更多的是誇張角色、

▲ 圖 2-9 《阿凡達》遊戲畫面

▲ 圖 2-10 寫實風格遊戲《最終幻想》

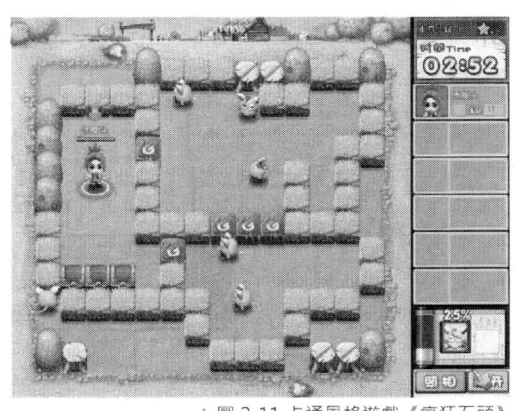 

▲ 圖 2-11 卡通風格遊戲《瘋狂石頭》　　　　　　▲ 圖 2-12 個性風格遊戲《風之旅人》

場景和道具的造型，使用鮮明活潑的色彩，並強調誇大角色某個特徵，凸顯角色個性。幻想類、玄幻類、搞笑類動作遊戲、休閒類桌面遊戲，通常會使用卡通風格，意在讓玩家能輕鬆地進行遊戲，不用太費腦筋去思考複雜的東西。(圖 2-11)

個性化風格是指在大眾化風格的基礎上增加獨特、另類的造型特點，獨具一格，打造一種與眾不同的效果。(圖 2-12)

2. 屬於內容策劃的構成要素

(1) 遊戲 LOGO

遊戲 LOGO 在遊戲設計中指遊戲標題，是表明遊戲特徵的記號。它以單純、顯著、易識別的物象、圖形或文字符號為直觀語言，除表示什麼、代替什麼之外，還具有表達遊戲世界觀、遊戲美術風格等作用。遊戲 LOGO 要求設計師結合遊戲風格 設計個性化標誌，以作為具有較高辨識度的遊戲標誌。(圖 2-13)

(2) 遊戲角色

遊戲角色主要包括人物、動物以及一切生命化、人性化的物體 (圖 2-14)。角色設定是遊戲 策劃中很重要的一個環節，就如我們在電影中看到 的演員、小說中讀到的人物等。其造型風格的確立 是整個遊戲概念設定中的核心。由於在遊戲中，角 色的心理空間無法直觀準確的表達，所以要求角色 外在的形態特點及裝束特點表現明確，以突出角色 的性格特徵。

(3) 遊戲場景

遊戲場景是指遊戲中的環境、建築、機械、道具等 (圖 2-15)。遊戲場景的概念設定內容龐雜，包含了基本建築學、園林學、景觀學等多種學科知識。雖然遊戲場景設計是數位化生成的虛擬環境，但是內容還是需要在客觀世界已經存在事物中尋求依託，這樣才能讓虛擬的遊戲更有

▲ 圖 2-13 不同風格的遊戲

▲ 圖 2-14 遊戲角色設定

▲ 圖 2-15 遊戲場景

▲ 圖 2-16 遊戲中的裝飾道具

真實感，增強遊戲的代入感。

　　遊戲場景設計是整個遊戲中非常重要的環節。它在遊戲中不是玩家最為關注的物件，但卻對遊戲整體氛圍的渲染及遊戲通關過程中的節奏起著至關重要的作用。

（4）遊戲道具

　　遊戲道具指遊戲場景中任何裝飾、佈置用的可拆分物件，是遊戲場景的組成部分。遊戲道具根據其功能性分為裝飾道具（圖 2-16）和任務道具（圖 2-17）。裝飾道具與任務道具都有豐富場景、增加場景層次感的作用。任務道具在遊戲中還起到了對玩家進行劇情引導的作用。任務道具可分為六類——恢復類：恢復血氣、精氣的藥或食物；輔助類：添加角色狀態、解毒的藥或食物；任務類：用於完成任務的道具；裝備類：武器、防具和飾品；錦囊類：比賽中充當錦囊；其他類：減弱敵人、永久增加角色屬性的藥或食物。

▲ 圖 2-17 遊戲中的任務道具

▲ 圖 2-18 遊戲中的使用者介面

（5）遊戲使用者介面

　　遊戲使用者介面，是指使用者與遊戲畫面實現交互的介面，也包括使用者與介面的交互關係。可分為三個方向：使用者研究、交互設計、介面設計。遊戲美術方面，主要涉及的是介面設計，即 GUI 設計（圖 2-18）。GUI 是實現交互視覺化的重要環節。介面設計就像工業產品中的工業造型設計一樣，是產品的重要亮點。一個美觀的介面設計會給人帶來舒適的視覺享受，拉近人與電腦的距離，並創造賣點。

　　介面設計不是單純的美術繪畫，它需要定位使用者、使用環境、使用方式，以便為最終用戶而設計，是純粹的科學性的藝術設計。

　　檢驗一個介面的標準既不是某個專案開發組領導的意見，也不是專案成員投票的結果，是最終用戶的感受。所以介面設計要和使用者研究緊密結合，是一個不斷為最終用戶設計滿意視覺效果的過程。

（6）遊戲特效 遊戲特效是指遊戲中的特殊效果，如場景中的光影效果、瀑布（圖2-19）、落葉、人物的技能特效（圖2-20）、ＵＩ特效等。具體到實際的專案中，這些元素還可能略有不同，以實際項目為准。遊戲中特效的運用帶給玩家強烈的視覺震撼，大大提高玩家對遊戲的喜愛程度和好感。

▲ 圖2-19 遊戲中的場景特效

（三）遊戲美術策劃的基本程式

遊戲美術策劃不是純粹的藝術活動，一款成功的遊戲絕不是僅靠設計師的藝術天賦和高超的表現力所能實現的。它必須歷經市場調研、總體規劃、確定主題、開發創意、藝術表現等過程。因此，游戲美術策劃是一個系統的工程，我們必須從策劃的大領域座標中找到遊戲美術製作的準確定位，而其中確立科學的傳播內涵就顯得十分重要，它涉及策劃的目的、主題的設定、創意定位等一系列問題，這些都是在美術策劃一開始時就應該解決的。

當今遊戲美術製作已發展成重視集體配合創作的趨勢，一般是由一個團隊來共同完成這項任務，從而重視發揮多種人才的創造力。

遊戲美術策劃由開始到完成，有一個較為系統的程式，以確保遊戲美術設計工作得以順利完成。

▲ 圖2-20 遊戲中的動作特效

1. 策劃準備

遊戲美術設計要根據遊戲的整體策劃，明確設計目標，準確把握遊戲美術的製作主題，收集遊戲美術製作所必需的各種材料，確定製作遊戲美術的條件及因素（圖2-21）。具體準備內容如下：

（1）明確遊戲類型及方向；
（2）把握目標市場基本情況；
（3）瞭解玩家選擇玩此遊戲的動機；
（4）收集遊戲美術製作所需要的多種參考資料，如自然界的素材、日常生活的素材等；
（5）確定遊戲美術設計所必要的條件，如尺寸大小、製作方式、製作平臺等。

▲ 圖2-21 《羅馬2：全面戰爭》遊戲畫

2. 策劃創意

根據上述所掌握的情況和準備的材料，即可進行創意構思。

創意是遊戲美術設計程式中的重要環節，新穎而富有價值的創意，是遊戲美術設計所必須追求的。創意的產生可採取多畫創意速寫圖來進行，並經設計小組反復研討，再不斷進行深化挖掘，最終找到一個新穎獨特的最佳創意方案。（圖2-22）

▲ 圖2-22 《啪嗒砰》遊戲畫面

▲ 圖 2-23 《彩虹島》遊戲登錄介面

▲ 圖 2-24 《鬥戰神》遊戲場景概念設計

▲ 圖 2-25 《夢幻迪士尼》遊戲海報

3. 設計表現

新穎而富有價值的遊戲美術創意產生之後，就可以確定其表現題材，如遊戲ＬＯＧＯ、遊戲風格、遊戲色彩以及表現形式等。遊戲ＬＯＧＯ的設計採用什麼樣的字體表現，整個畫面採用什麼樣的色彩表現，都要進行具體的確定，選取最佳的方案。（圖 2-23）

設計表現是將遊戲創意視覺化的第一步，設計表現運用如何，決定著遊戲創意能否得到完美的體現。

4. 繪製概念設計圖

概念設計是整個設計過程中最前期的概念性、前瞻性構想，對整個設計具有綱領性的意義。遊戲美術的表現方法確定後，即可進行概念設計圖的繪製。（圖 2-24）

遊戲概念設計的設計者必須對將要進行設計的遊戲方案做周密的調查與策劃，對遊戲世界觀的地域特徵、文化內涵等構成要素進行分析，結合玩家的心理需求，加之設計師獨有的思維素質產生出一連串設計想法，從這些想法和構思中提煉出最準確的遊戲設計概念，以此作為依據來完成遊戲概念設計圖。

5. 審查定稿

把概念設計圖交由遊戲總策劃進行審定，提出修改意見。設計師充分聽取回饋回來的合理意見，對概念設計圖進行修改後，再次交由遊戲總策劃審定，直到在畫面效果以及實用程度上達成共識，最後把細分後的完善畫面工作落實到相關的美術製作團隊中。（圖 2-25）

二、遊戲美術製作概述

（一）遊戲美術製作的概念與意義

遊戲美術製作是遊戲美術策劃規劃的遊戲美術內容實施的過程；是將遊戲圖形及動畫拼接成一個真實完整的遊戲世界的過程；是遊戲最終實現視覺化不可或缺的一個重要環節。隨著遊戲行業的發展和市場競爭的日益加劇，遊戲美術對遊戲的影響也日益增加：它不再只是單純地表現遊戲畫面和服務資訊，而是已成為現代遊戲設計與製作中吸引更多玩家的戰略手段和競爭策略。（圖 2-26、圖 2-27）

（二）遊戲美術製作流程的構成要素

遊戲美術製作流程的構成要素主要分為計畫與執行兩部分。

1. 遊戲美術計畫的構成要素

遊戲美術計畫的構成要素包括：確定目標、規劃呈現方式、細化製作步驟、具體製作方法、確定目標完成的時間、分配工作人員。

確定目標：根據遊戲美術策劃要求，明確最終遊戲畫面所要達到的效果，使團隊目標清晰且能夠一致地完成項目。

規劃呈現方式：瞭解遊戲引擎所支援的遊戲畫面呈現方式，規劃遊戲美術在資源製作階段的呈現方式，以及在最終畫面整合階段的呈現方式。

細化製作步驟：區分遊戲美術製作各環節的主次及銜接關係，梳理不同遊戲美術內容製作的先後順序，確立逐步推進式的製作步驟，以使遊戲美術製作實現從分工到整合間各環節的順利對接，各個階段的工作能夠有條不紊地進行。

具體製作方法：針對不同的遊戲美術內容，制訂出系統化、規範化的製作方式，節約在創作時研究製作方式的成本，提高工作效率。

確定目標完成的時間：把握遊戲專案進度以及整體的時間，並透過遊戲美術的製作進度表，使遊戲美術能夠與整體遊戲項目製作時間緊密配合。

分配工作人員：根據遊戲美術內容製作方式的不同，將工作合理地分配到相關製作團隊中。

2. 遊戲美術執行的構成要素

（1）遊戲美術執行——分工 遊戲美術分工根據遊戲流程可分為遊戲概念設定、遊戲資源製作、遊戲整合。

遊戲概念設定：是把概念設計的內容更加具體化和標準化。概念設定師根據遊戲策劃的文案，設計出系統化的遊戲美術方案，包括概念草圖和概念設定兩種，為後期遊戲美術的製作提供標準和依據，這是遊戲美術製作前期的重要環節。

遊戲資源製作：包括遊戲畫面中角色、地圖、道具、介面、圖示等的製作。美術設計師根據概念設定，製作出系統化遊戲美術元素的成品，為遊戲後期整合提供資源。

▲ 圖 2-26《部落衝突》遊戲海報

▲ 圖 2-27《夢幻龍族》遊戲海報

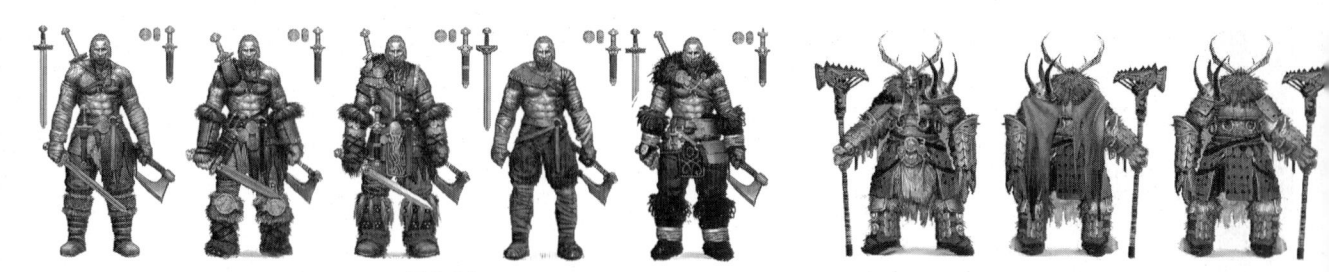

▲ 圖 2-28

▲ 圖 2-29

　　遊戲整合：遊戲美術後期整合由美術設計師與程式相互配合，把遊戲資源透過地圖編輯器進行整合，這是完成一款成品遊戲的前提與基礎。

　　根據遊戲美術製作的工種進行分工，一般分為人物製作組、地圖製作組、介面製作組、動畫製作組、特效製作組。

　　人物製作組：遊戲分為二維遊戲與三維遊戲，遊戲人物製作也有所差異。

　　二維遊戲中，人物製作是將概念設定製成成品圖，並拆分為單獨元件，用於後期遊戲拼接。三維遊戲人物製作則是將前期遊戲人物概念設定透過三維建模，以合理分佈 UV 及貼圖繪製的形式展現。人物製作的優劣對遊戲畫面的優劣起著舉足輕重的作用，是遊戲美術製作的核心。（圖 2-28、圖 2-29）

　　地圖製作組：地圖製作首先由地圖組按照遊戲策劃的要求繪製地圖的概念設定，隨後轉交三維組，其根據地圖上標明的主要事件點、各個路口及戰鬥的地方進行建模渲染，最終透過地圖編輯器的整合，完成遊戲的地圖製作。地圖的製作在整個遊戲的開發上佔有重要地位，決定著一款遊戲的優劣。（圖 2-30、圖 2-31）

　　介面製作組：遊戲介面部分包括介面、圖示等。遊戲介面的製作是遊戲策劃先根據市場調研確定功能需求，然後由交互設計師確立具體操作功能（即遊戲玩法），最終由遊戲視覺設計師根據遊戲前期概念設定結合市場遊戲美術風格進行分析，製作出符

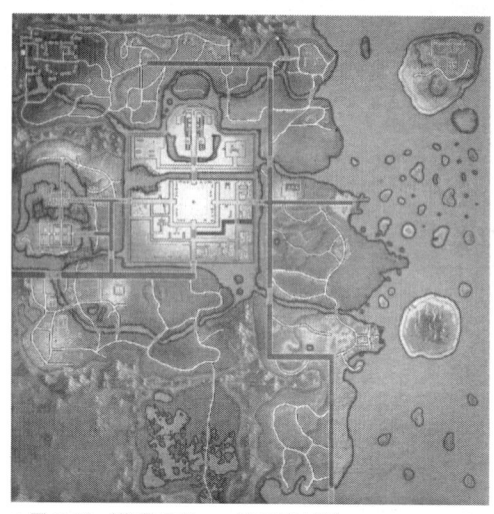

▲ 圖 2-30 《遊民星空——桃源城地圖》

合遊戲背景、用戶群體、用戶操作習慣的遊戲界面（圖 2-32、圖 2-33）。遊戲圖示是由遊戲界面組繪製，根據整體遊戲風格繪製具有識別度的圖示，要確保遊戲圖示的功能性，同時遊戲圖示的繪製需具有精美度，提升遊戲圖示的識別度。遊戲介面作為人機交互的橋樑，其作用無可取代。（圖 2-34、圖 2-35）

▲ 圖 2-31 《大唐豪俠》遊戲地圖

▲ 圖 2-32 《皇家守衛兵》

第二單元 遊戲美術製作的內容 | 33

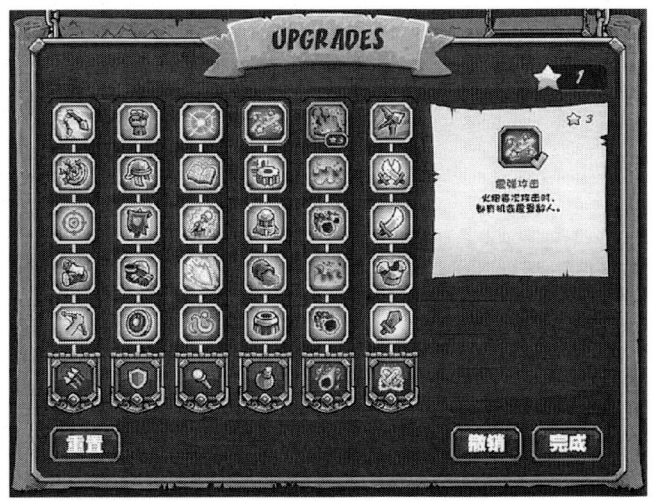

▲ 圖 2-33 《皇家守衛兵》

▲ 圖 2-36 《激戰 2》

▲ 圖 2-37 《激戰 2》

▲ 圖 2-38 《激戰》

▲ 圖 2-34 遊戲圖

▲ 圖 2-35 遊戲圖

動畫製作組：遊戲動畫製作，要將遊戲角色的性格、情緒等表現出來，需透過動作來實現，而動作的流暢與否，直接影響遊戲的效果。（圖 2-36）

特效製作組：遊戲特效製作首先是由美術師創作簡單的特效圖，再由特效師使用相應的程式製作出動態特效，然後透過遊戲美術師與遊戲特效師共同協作，呈現最終完整特效。遊戲特效在遊戲畫面中起著提高產品美術水準、烘托遊戲氛圍、吸引玩家眼球、增加戰鬥體驗、拉進玩家互動的作用。（圖 2-37、圖 2-38）

（2）遊戲美術執行——合作

遊戲美術合作是遊戲美術與遊戲程式進行整合的重要步驟，是製作遊戲成品的前提和基礎。遊戲美術師透過對功能關卡的理解，與關卡程式策劃師進行溝通，繪製出所要使用的視覺素材（包括場景、角色、道具等），由關卡程式策劃師將遊戲中所有元件放入遊戲地圖編輯器中進行整裝組合，以具體的圖像形式直觀地呈現出關卡內容，把功能關卡設計轉化為視覺關卡設計。玩家僅根據圖像資訊就可辨別物體，並能順利按遊戲提示完成功能關卡所設定的遊戲任務。（圖 2-39）

（三）遊戲美術製作的方法

遊戲美術製作是將遊戲概念設定草圖逐步轉變為遊戲美術成品的過程，從遊戲表現形式大體可分為二維遊戲美術和三維遊戲美術。兩種遊戲美術的製作方法、製作步驟及表現效果差異較大。

二維遊戲依照畫面呈現效果的不同，可分為圖元類和 Flash 類。

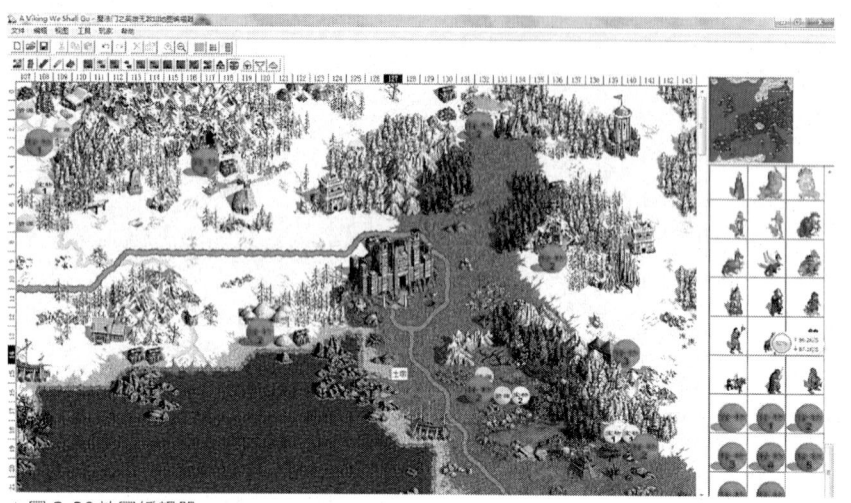

▲ 圖 2-39 地圖編輯器

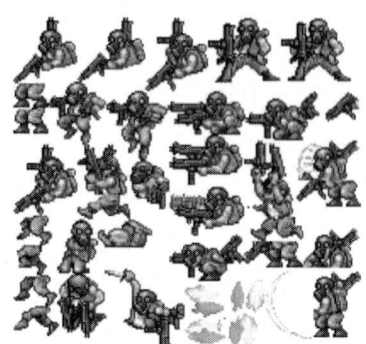

▲ 圖 2-40《合金彈頭》　　▲ 圖 2-41《合金彈頭》

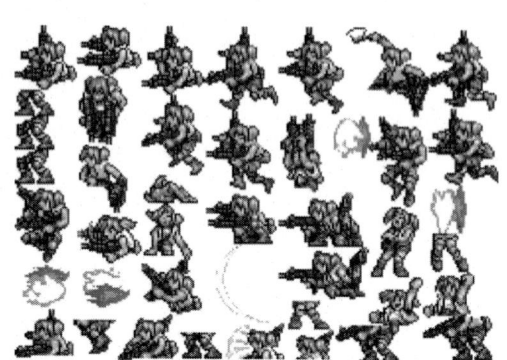

▲ 圖 2-42　　▲ 圖 2-43

1. 圖元類遊戲美術製作步驟

圖元，是指基本原色素及其灰度的基本編碼。圖元類遊戲，即畫面是以圖元點組成的遊戲。創建圖元類遊戲的基本步驟如下：

（1）概念設定

根據圖元類遊戲的特點，按照策劃的要求，完成整個遊戲的風格設定、角色造型設定、場景與道具設定等。（圖 2-40、圖 2-41）

（2）製作地圖

將地圖概念設定中的具體內容製作成成品地圖，其內容包含遊戲中所用到的所有地圖，製作程度為遊戲最終呈現效果，此環節對最終遊戲的檔大小和載入速度起著決定性作用。製作地圖時可使用重複的元素，在重複使用的圖形上創建無縫連接，使在一個遊戲過程只需要載入重複的內容，以此減少運算資料量，達到優化遊戲運行速度的目的。目前也有部分遊戲直接將原始素材進行改良，使各圖素成為獨立的可編輯的個體，整合到地圖編輯器中，由美工使用地圖編輯器依據不同的場景需求，編輯出相應的地圖和關卡。地圖編輯器對程式團隊能力要求較高，小規模的公司多以購買成品地圖編輯器作為製作遊戲的基礎。（圖 2-42、圖 2-43）

（3）製作角色及動作

製作成品的圖元角色與完整的角色動畫，要求每個動作都是一個迴圈，以便電腦調取其中的動作進行連接。（圖 2-44～圖 2-46）

▲ 圖 2-44 迪士尼角色動作分解圖

▲ 圖 2-45 迪士尼角色動作分解圖

▲ 圖 2-47 場景圖拆

▲ 圖 2-48 場景圖拆分

▲ 圖 2-46 迪士尼角色動作分解圖

▲ 圖 2-49 場景合成

（4）拆分地圖及角色

將場景（角色）中的各個元素逐個進行拆分，拆分成電腦可以讀取並且可以拼接的樣式，以便在遊戲製作後期與程式對接。不同種類的編輯器對場景地圖及角色拆分的要求不同，需要及時與程式進行多方面的溝通。(圖 2-47、圖 2-48)

（5）合成地圖

將圖素依照策劃方案進行組合拼接成為完整的地圖。(圖 2-49)

▲ 圖 2-50 《皇家守衛兵》

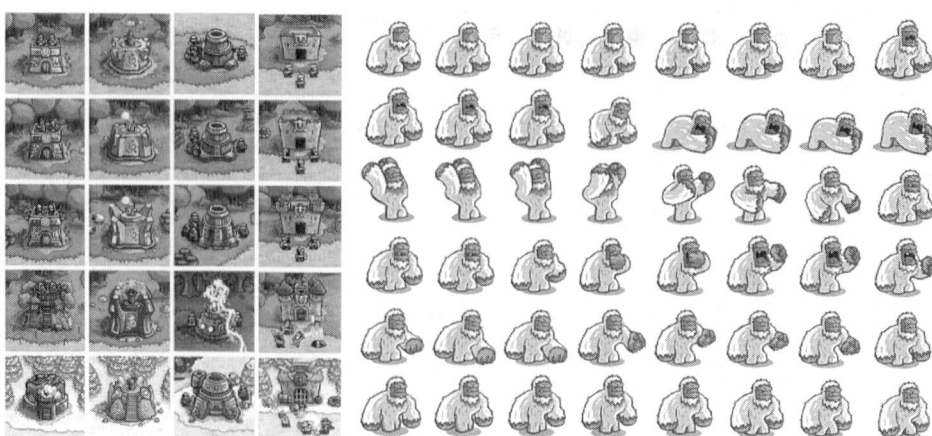

▲ 圖 2-51 《皇家守衛兵》

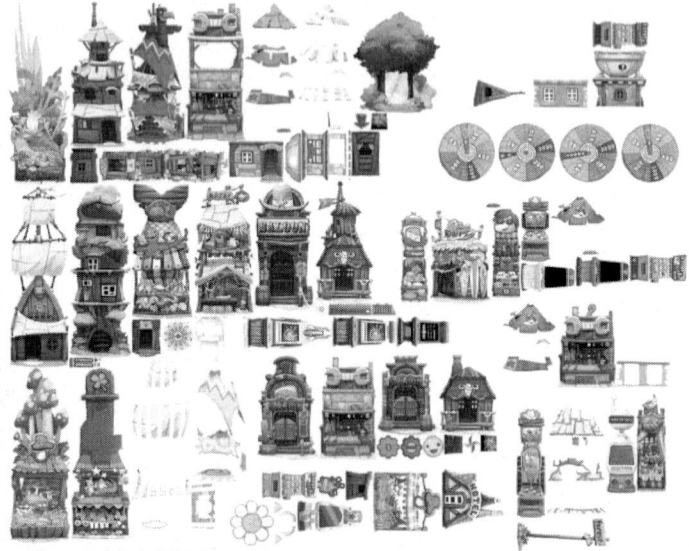

▲ 圖 2-52《皇家守衛兵》

▲ 圖 2-53

（6）引擎整裝

在遊戲引擎中將所有素材調入相應的程序，此階段完全由程式製作並進行後臺的整裝，使遊戲最終按照玩家看到的形式進行。

2. Flash 類遊戲美術製作步驟

Flash 遊戲是指用向量圖形組成遊戲畫面的遊戲類型，是一種新興的遊戲形式，有操作簡單、無須安裝、檔體積小的特點。Flash 主要應用於趣味化的、小型的遊戲，以完全發揮它基於向量圖的優勢。Flash 遊戲代表：塔防類《皇家守衛兵》、角色扮演類《摩爾莊園》、策略類《三十六計》等。其製作流程可以分為以下三步：

（1）概念設定

根據 Flash 遊戲的特點，依照策劃的要求，完成整個遊戲的風格設定、角色造型設定、場景與道具設定等。通常可使用 Flash 軟件直接繪製，也可使用ＡＩ等其他向量圖繪製軟體。（圖 2-50）

（2）製作元件

將概念設定制成成品，在 Flash 裡拆分成單獨元件，以便後期遊戲拼接時可隨意調動。（圖 2-51、圖 2-52）

（3）製作成品遊戲

將前期拆分的所有元件組合起來，製作成品遊戲。（圖 2-53）

3. 三維遊戲美術製作步驟

三維遊戲美術製作步驟可分為遊戲概念設定、遊戲角色動作製作、遊戲特效製作、遊戲地圖設定、關卡設定、調整節奏與流程、最後整裝七個步驟。

（1）遊戲概念設定

遊戲概念設定是三維遊戲美術設計的第一步。其分為遊戲人物、場景、道具三個方面的設定。

①遊戲人物設定

三維遊戲的人物概念設定主要使用二維的表現手法創作，根據遊戲的風格進行設定，並要求人物形態（包括輪廓、造型、裝備等）表達明確，色彩分塊鮮明，清晰地表達每個細節，以便後期的立體效果實現。（圖 2-54）

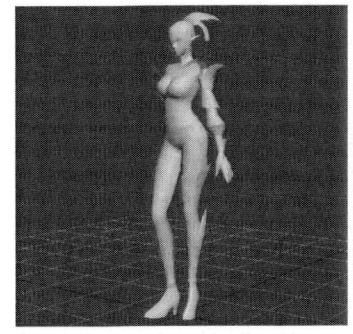

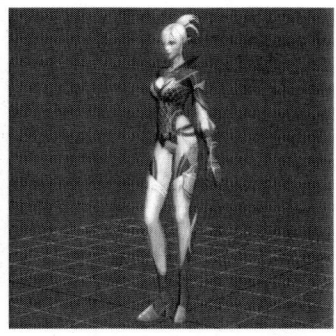

▲圖 2-54

②遊戲場景設定

在創作遊戲場景概念設計階段，要求設計圖能夠全方位、清楚地交代場景的具體空間結構及形態特徵。（圖 2-55）

③遊戲道具設定

遊戲道具是分佈在遊戲場景中的各個部件。原畫設計階段，要求把道具輪廓及細節塑造得清晰明瞭，物體色彩傾向明確，以便後期準確、快速地進行三維製作。（圖 2-56）

（2）遊戲角色動作製作

遊戲角色的基本動作有幾十甚至上百組，每組動作通常由幾幀到幾十幀組成。在遊戲過程中，程式根據動作的時間長短，循環調用相應的動作組來播放動畫。常見的遊戲動作包括走路、跑步、普通休息、小動作休息、戰鬥休息、兵器攻擊、挨打、跳躍、倒地、銜接倒地的起身、銜接坐姿到起身等。為了保證人物動作的準確性，需按照運動規律來設計人物動作。（圖 2-57）

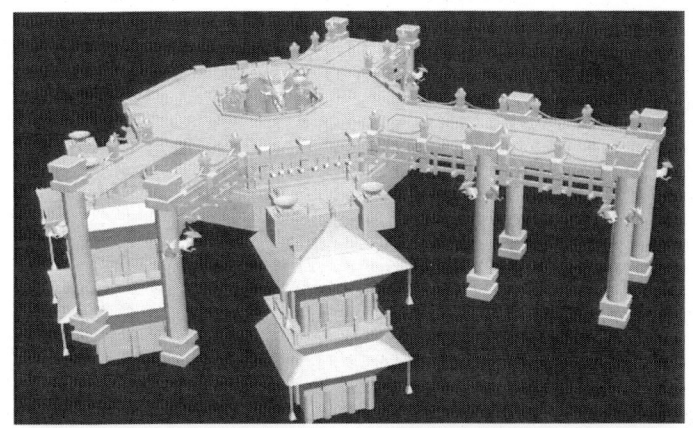

▲圖 2-55

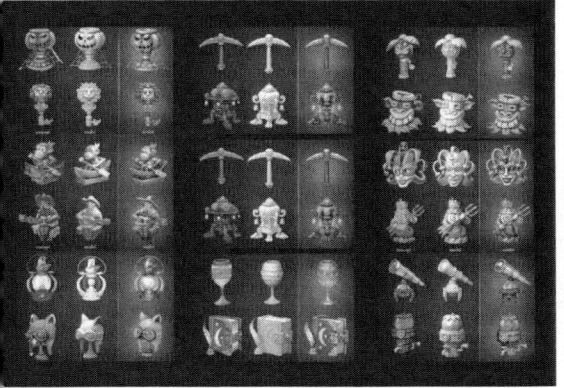

▲圖 2-56

▲圖 2-57

▲ 圖 2-58

▲ 圖 2-59

▲ 圖 2-60 《刀塔傳奇》

（3）遊戲特效製作

關於遊戲特效製作，在美術創作方面，只需對特效的展示效果作描繪，真正在遊戲中的實現還是要依靠後期程式的支援。（圖 2-58、圖 2-59）

（4）遊戲地圖設定

遊戲地圖設定在遊戲製作中佔據重要的位置，一個好的地圖編輯器決定著一款遊戲的優劣。目前，市面上大部分電腦遊戲的地圖都是使用地圖編輯器進行編輯的。然而，在地圖編輯器中，地圖也是由很多被拆分的圖案拼接而成的。一張大的地圖會出現很多重複的元素，這些可重複利用的圖片元素被稱為基本圖素。重複的圖素的優點是：用比較少的圖片種類反覆拼接成一張大圖，能減少圖片數量和磁片容量，減少顯卡和記憶體的負擔，可以加快遊戲速度及合理地利用資源。其缺點是：反覆利用同樣的圖素，畫面會顯得重複單調，需要專業人員的大量拼接。

（5）關卡設定

關卡設定就是將設計好的場景、物品、目標和任務提供給玩家，使玩家（遊戲人物）具有一個活動的舞臺。在這個舞臺上，關卡設計師通過精心佈置，來把握玩家和遊戲的節奏並給予引導，使玩家達到最終的目的。遊戲的關卡設計是把功能關卡設計轉化為視覺關卡設計的過程。功能關卡就是用示意圖的方式策劃設計出關卡的內容、遊戲過關的方式；視覺關卡是用圖像的方式表達功能關卡的內容，使玩家根據遊戲提示完成功能關卡所設定的遊戲任務。（圖 2-60）

（6）調整節奏與流程

在完成關卡設定後，關卡設計師需針對遊戲的結構及可玩性進行反覆調節，即應時刻注意玩家在遊戲關卡中將會面對的事物，使用挑戰和休息來設立遊戲的節奏和速度。一個好的遊戲節奏要有一個對應的遊戲流程，使緊張和鬆弛交替進行。

（7）最後整裝

遊戲製作的最後一步，即為將所有拆分的各個部件完善後，全部放入遊戲引擎內進行整理拼裝。

三、單元導引

目標

教師透過本單元的教學，使學生瞭解遊戲美術製作流程在遊戲創作中的作用，認識遊戲美術製作流程的構成要素，掌握遊戲美術前期策劃及製作流程，對不同類別遊戲的製作流程進行分析理解，並針對不同類別的遊戲美術進行策劃與規範製作流程。

要求

任課教師在教學過程中，根據本單元論述的基本理論框架，透過對遊戲美術製作的分析，客觀深入地講解遊戲美術製作流程在遊戲創作中的作用，使學生透過本單元的學習，能夠以理論基礎為指導，結合所知知識，針對不同的遊戲類型制訂出相應的遊戲美術策劃方案及製作流程，並加深對理論知識的理解。

重點

在本單元中，遊戲美術策劃的基本構成要素、遊戲美術製作流程的構成要素為重點教學內容。分別講解了遊戲美術策劃中的框架策劃、內容策劃的構成要素，以及遊戲美術製作流程中的執行構成要素（分工與合作），具體分析了遊戲美術製作從計劃到實施的整個流程以及相關的工作特點。使學生透過本單元的學習，能夠分析出市場上已經在運作的遊戲中美術製作部分的流程劃分。

注意事項提示

在本單元的講述過程中，教師應清晰明瞭地對遊戲美術策劃及製作流程進行產生實體講述，將抽象的概念具體化，闡述遊戲美術策劃對遊戲製作的意義，並透過對相關遊戲的制作流程進行梳理，分析遊戲美術製作流程在遊戲創作中的作用，使學生建立遊戲美術製作的理論知識構架，並能夠針對不同的遊戲類型制訂出相應的遊戲美術策劃方案及製作流程。

小結要點

透過本單元的教學，學生對於遊戲美術前期策劃及製作流程的理論知識理解度如何？是否有所掌握？對遊戲美術製作流程的理論基礎與遊戲美術製作流程的構成要素的學習狀況怎樣？對遊戲美術製作流程在遊戲創作中的作用是否瞭解？透過課程內容的講解，是否能夠分析出市場上已經在運作的遊戲中美術製作部分的流程劃分？

為學生提供的思考題

1. 在進入本單元的學習之前，對遊戲美術製作流程的理解是怎樣的？
2. 遊戲美術前期策劃在遊戲美術製作中所處的地位、重要性和意義各是什麼？
3. 遊戲美術策劃對遊戲美術製作的功能價值有哪些？
4. 遊戲美術製作有哪些基本構成要素？
5. 遊戲美術製作從計畫到實施的整個流程應注意哪些事項？

學生課餘時間的練習題

1. 收集目前市面上1-2款小型遊戲，按照遊戲美術製作流程中工種的分類，將遊戲畫面內容進行拆分（角色、場景、道具、圖示、介面）。
2. 根據自己的理解，結合所學知識，簡要分析一款遊戲中美術部分從計畫到實施的整個製作流程。

作業命題

應用本單元所學習的內容，規劃一款卡牌類遊戲的美術製作流程實施方案（含進度規劃）。

作業命題的緣由

在本單元的教學過程中，雖然學生對遊戲美術策劃和製作流程的基本知識有所瞭解，但還不夠深入，為了加強對所學知識的鞏固，透過前期課餘時間的練習題，對市面上發行的遊戲案例中遊戲美術產品的部分，進行分析並獲取相應的遊戲美術資料，可以進一步對遊戲美術製作流程中的構成要素有所瞭解，對一款遊戲的整個製作流程進行分析，這樣可以調動學生的主觀能動性，使其更加積極主動地進入學習狀態中。

在這個作業命題中，學生結合所學知識，自行規劃一款遊戲的美術製作流程實施方案，培養和訓練自身的思維能力，培養相關的專業意識，對遊戲美術策劃和製作流程能夠有更深層次的理解與掌握。

命題作業的具體要求

同學們在完成命題作業時，主要從以下兩個方面進行：

1. 內容忌空泛，所做的方案要做到內容全面、具體，條理清晰，要有重點。
2. 在自行規劃方案時，需要注意的是，切勿完全參考其他遊戲案例的方案進行創作，應著重培養和訓練自身的思維能力。

第 3 單元

遊戲美術製作基礎

一、美術基礎

二、相關軟體基礎

三、單元導引

重點：本單元著重講述遊戲美術設計必須掌握的美術基礎知識以及相關繪圖軟體的基本功能及操作。

透過本單元的學習，學生可以切實地掌握遊戲美術所需要的美術類基本知識，並且對相關繪圖軟體的基本功能及操作有所認識，為遊戲美術創作打下堅實的基礎。

難點：透視學的熟練掌握與運用；能夠充分認識到人體結構中三大體塊的空間關係與變化規律；色彩構成中關於色相、明度、純度關係的描述。

一、美術基礎

(一) 透視基礎

1. 透視現象

當我們站在街道上向道路的遠方望去時，將看到這樣一種現象：街道向遠方延伸的同時，由寬逐漸變窄，最終交匯在遠方地平線上。道路兩旁的電線桿從高大逐漸變得低矮，電線桿之間的間距也由長變短，隨同道路彙聚在遠方。（圖 3-1）

人的眼睛之所以能看見物體，是因為物體反射光源發射的一定頻率的光波，光波經過眼睛中相關構造的作用轉換成電信號，並作用於視網膜上的視神經，傳輸到大腦，最終形成可視圖像。而在人的眼球中，遠近距離不同的相同物體，距離越近的在視網膜上的成像越大，距離越遠的則成像越小。我們眼睛觀察到的物象具有近大遠小、近高遠低、近疏遠密，水準方向的平行支線、延長線都將在遠方消失於一點的特點。這種給人以真實感、立體感的視覺現象，被稱為"透視現象"。（圖 3-2）

2. 透視學概念

透視學是根據光學、幾何學的原理，研究如何在二維平面上表現三維空間的物體形狀、輪廓及色彩遠近變化的科學。

這種在平面上圖示立體圖像的科學方法，是根據人們對日常生活中視覺活動現象的研究而來。我們透過透明畫面（如玻璃）觀看景物，視線穿過畫面，會與畫面相交成一系列的切點（視線被透明畫面切斷而形成的交點），若把這些切點連接起來，就會形成與實際景物相一致的具有空間感和立體感的圖像。我們把這種視線連接景物的過程所形成的圖像稱為透視圖，它包含著豐富的幾何因素，是研究在平面上圖示物體立體空間關係的最直接、最基本的方法。（圖 3-3）

3. 透視分類

透視可從以下兩個角度進行分析：

（1）從理論研究角度

線性透視：是一種把立體三維空間的形象表現在二維平面上的繪畫方法，使觀看的人對平面的畫有立體感，如同透過一個透明玻璃平面看立體的景物。

空氣透視（色彩透視）：用顏色的鮮明度表現物體的遠近。近處物體色彩鮮明，遠處的物體顏色越暗淡。

消逝透視：用物體清晰度的高低表現物體的遠近，所謂"遠山無皺、遠水無波、遠樹無枝、遠人無目"。

（2）從形式角度

焦點透視：是在遵守視覺感受的基礎上，在一個固定的位置寫生，以一點為視覺中心進行作畫，這是傳統西方繪畫構圖的重要法則。

散點透視：是不受一個焦點的限制，可以在一幅畫中有多個焦點。多為傳統中國畫所採用的透視方法。

▲圖 3-1

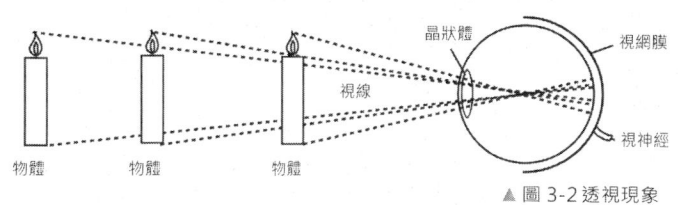

▲圖 3-2 透視現象

▲圖 3-3 《最後的晚餐》達文西

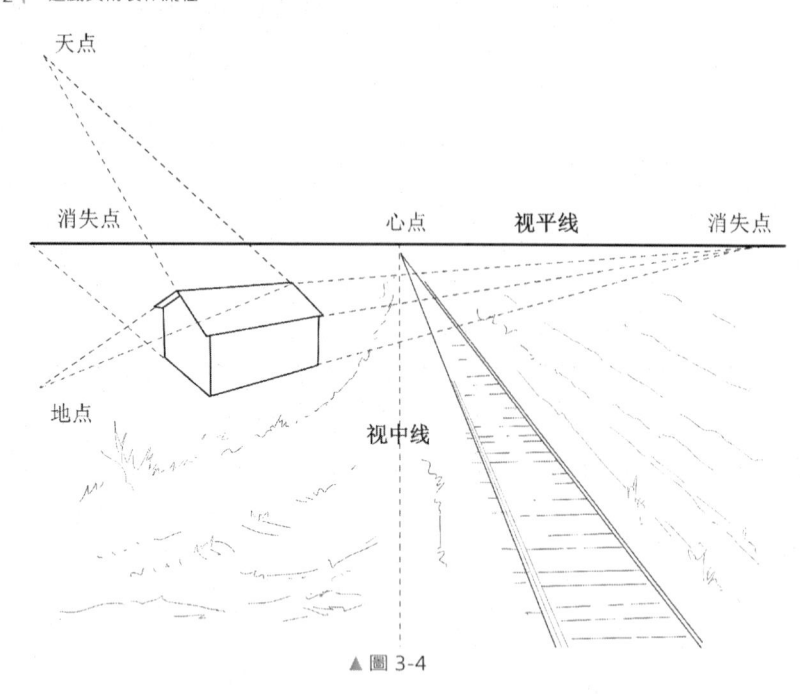

天点

消失点　　　　　　心点　　視平線　　　　消失点

地点

視中線

▲ 圖 3-4

圖 3-5 為在同一視平線上九個正六面體的平行透視圖，其中的正六面體最少可看見一個面，最多可看見三個面。正六面體作圖的線段有水準線、垂直線和消失線，每個立方體的三組邊線的透視方向是：兩組各四條邊線與畫面平行，不消失；另一組四條邊線與畫面垂直，這四條邊線向心點消失，消失點在視平線上。凡是物體居於視平線上方的任何一點，都比人的眼睛高，反之比眼睛低。圖 3-6 中地面水平的虛線即為視平線。

②兩點透視

由於在透視的結構中有兩個透視消失點，所以兩點透視又稱為成角透視。兩點透視是指觀者從一個斜擺的角度（而不是從正面的角度）來觀察目標物，因此，觀者能看到各景物不同空間上的面塊，亦看到各面塊消失在兩個不同的點上，這兩個消失點皆在水平線上。兩點透視在畫面上的構成，先從各景物最接近觀者視線的邊界開始，景物會從這條邊界往兩側消失，直到水平線處的兩個消失點。（圖 3-7）

③三點透視

三點透視又稱為斜角透視，是指在畫面中有三個消失點的透視。此種透視的形成，是由於景物沒有任何

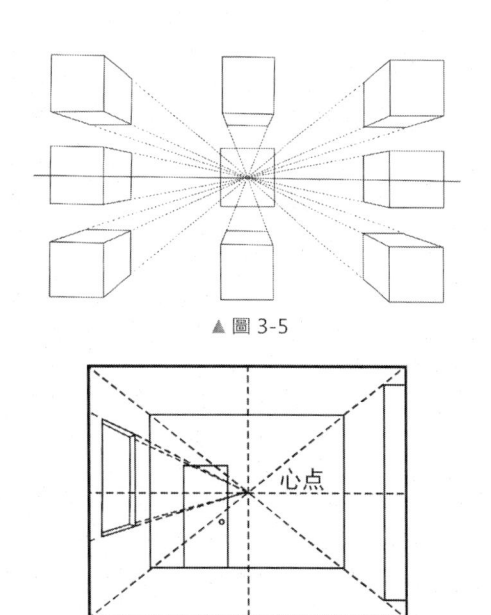

4.線性透視

線性透視是現代繪畫中運用得最廣的一種透視方法，其具有較完整系統的理論和不同的作畫方法。

（1）線性透視中的基本用語

視點：指畫者眼睛的位置。視平線：與畫者眼睛平行的水準線。

心點：指畫者眼睛正對著視平線上的一點。

消失點：指與畫面不平行的成角物體，在透視中延伸到視平線心點兩旁的消失點。（圖 3-4）

（2）線性透視下的基本透視類型

線性透視下的基本透視又分為一點透視、兩點透視和三點透視。

①一點透視 一點透視又稱平行透視，指在視中線與基面（地面）平行的投影中，空間物體（直線）與基面平行、對畫

▲ 圖 3-5

心點

▲ 圖 3-6 一點透視

消失点　　　　　　　　　消失点

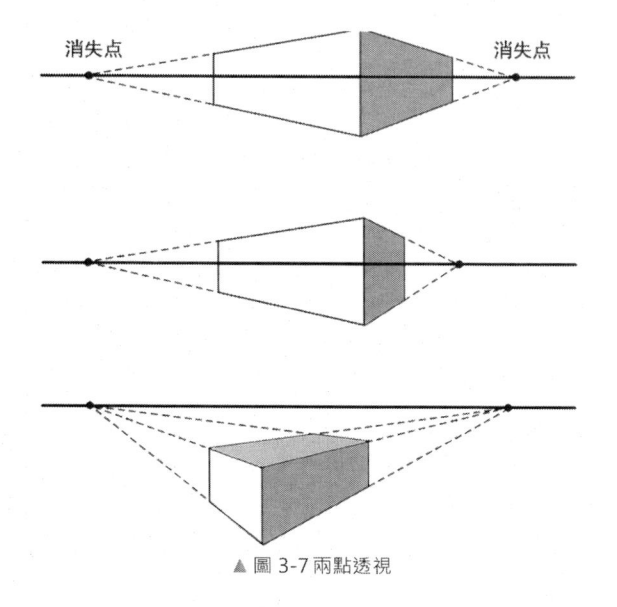

▲ 圖 3-7 兩點透視

▲ 圖 3-8 三點透視

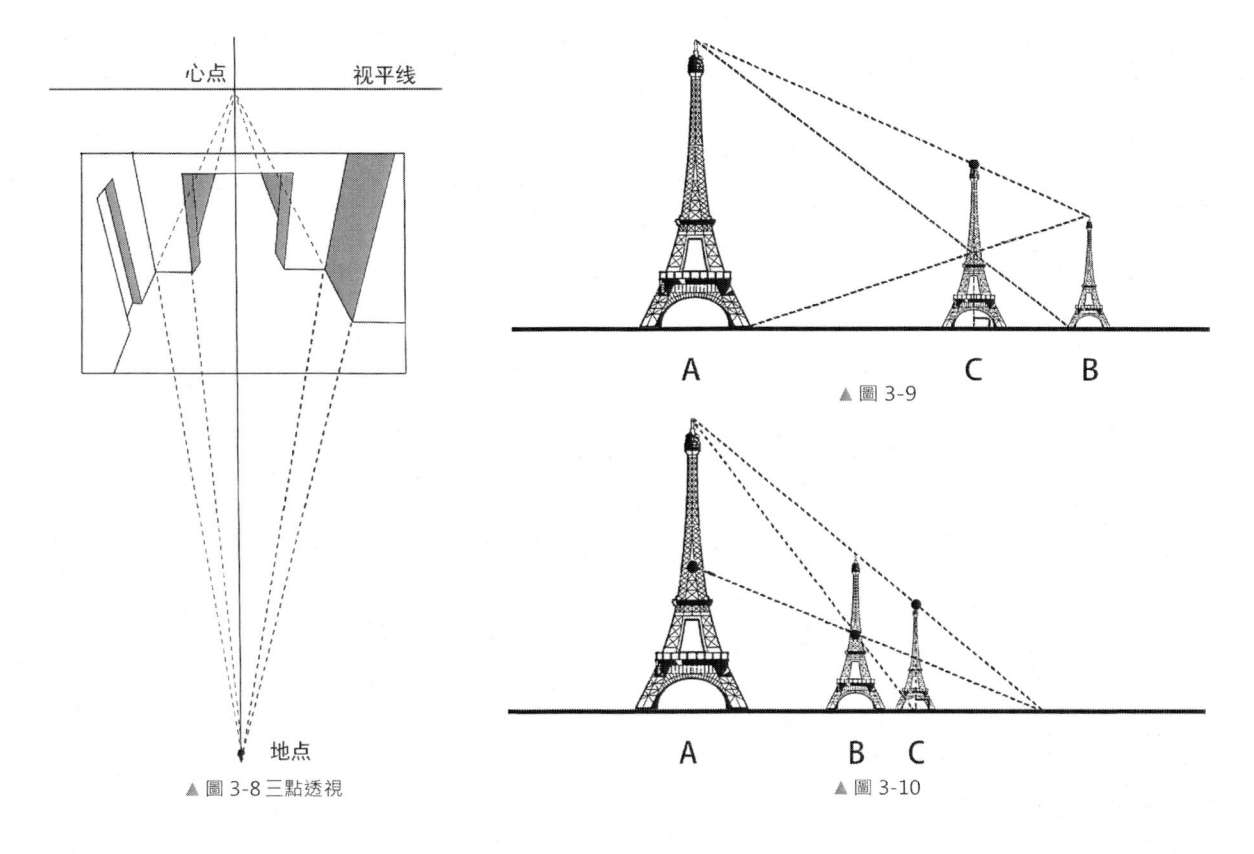

▲ 圖 3-9

▲ 圖 3-10

一條邊緣或面塊與畫面平行，相對於畫面，景物是傾斜的。當物體與視線形成角度時，因立體的特性，會呈現往長、寬、高三重空間延伸的面塊，並消失於三個不同空間的消失點上。（圖 3-8）

三點透視的構成，是在兩點透視的基礎上多加一個消失點。第三個消失點可作為高度空間的透視表達，而此消失點可以在水平線之上或之下。如果第三個消失點在水平線之上，正好象徵物體向高空延展，觀者仰頭看著物體。如果第三個消失點在水平線之下，則可用來表現物體向地心延伸，觀者是低頭觀看著物體。

5. 透視的畫法

在畫物體間的透視關係時運用適當的技巧，能較快地掌握其準確位置。

如圖 3-9，兩座同樣高度的鐵塔處於同一地平線的同一直線上，要畫出它們中間另一座同高鐵塔透視後的高度。

首先在鐵塔 A 和鐵塔 B 的頂點之間連接一條直線，從鐵塔 A 的頂端至鐵塔 B 的底端連接一條直線，同理 從鐵塔 B 的頂端至鐵塔 A 的底端連接一條直線，最後在形成的對角線的中點處，延伸出一條垂直於地平線的直線，得到位於鐵塔 A 和鐵塔 B 距離中點上的鐵塔 C 的位置，而垂直線與 A 和 B 兩座鐵塔頂點連線上的交點到地平線的距離，即為中間鐵塔 C 透視後的高度。

如圖 3-10，兩座同樣高度的鐵塔 A 和鐵塔 B 處於同一地平線的同一直線上，要畫出其後的第三座同高同距的 鐵塔 C 透視後的位置與高度。

首先經過鐵塔 A 和鐵塔 B 的頂點 連接一條直線延長至地平線，再分別 找出鐵塔 A 和鐵塔 B 垂直高度的中點，並將兩中點連接，延伸至地平線，那麼頂點連接線、中點連接線、地平線這三條線交匯的點即為視覺消失點。把 A 和 B 兩座鐵塔視為垂直於地平線的直線，那麼鐵塔 A 的最高點向鐵塔 B 的中點連接一條線，並延伸至地平線得到的點，即為鐵塔 C 的中線所在的位置，從此處延伸出的垂直線與鐵塔 A 和鐵塔 B 頂點連線的相交點，即為鐵塔 C 的頂點。

（二）解剖基礎

人體是一個由幾種不同組織共同構成的具有一定形態結構與生理功能的複雜而統一的有機體。在藝術中，著重研究的是人體解剖結構對外形的影響，因此，瞭解人體結構，應由表及裡、由整體到局部，充分認識人體的體塊關係、基本比例以及肢體運動關係。

1. 體塊關係

人體外形從整體來看，是一個具有對稱、均衡、變化、統一等因素的完整形態。從局部來看，可分為頭部、軀幹、上肢和下肢四大部位，各部位又可分為若干小部位。

人體結構看似複雜，但將它簡化概括，人體各部分可歸納為三種形塊：球形或鼓形、圓柱形或圓錐形以及楔形。這些體塊既單獨存在又相互聯繫。（圖 3-11）

頭部近似圓球體，分腦顱和面顱。腦顱上覆蓋著頭髮，面顱上勻稱地分佈著五官。

軀幹包括頸、胸、腹、腰、背等部位。頸部像是插在胸廓上的圓柱體，上端支撐著頭部。從前面看，頸下麵顯現兩條橫生的鎖骨，鎖骨下麵是胸部，胸部似鼓形；男性胸部寬大豐厚，女性胸部附有一對圓錐形的乳房。胸部下麵是腹部，腹部光滑平坦，中間有個小小的圓形臍孔。背部上方兩側各顯現一塊三角形的肩胛骨，中間有一條垂直的脊柱溝。背部下方是兩邊對稱寬厚豐滿的臀部。軀幹中段較細並能活動的部位是腰部。

上肢分為肩、上臂、肘、前臂、腕和手等部位。肩部呈三角形；上臂和前臂近似圓柱體，兩臂之間的關節活動處為肘部；腕部在手與前臂的交接處，結構不甚明顯；手部整體上是個楔形體。

下肢部位從盆骨兩側開始，包括髖、大腿、膝、小腿、踝、足等部分。髖部在腹部外側和大腿銜接線以上的部位，它是連接軀幹與下肢的"橋樑"。大腿是呈上寬下窄的扁圓形；膝部近似方形；小腿呈圓柱形，上粗下細；踝部在小腿與足的相接處，內外有突出的骨點；足部為楔形體，足背是弓形。

2. 人體比例

比例，是指事物整體與局部以及各局部之間的關係。人體比例是構成人體美的基礎。歷代畫家十分重視人體比例的研究，如達文西（圖 3-12）、米開朗基羅等著名畫家均曾對人體比例作了深入的研究，並提出理想化的人體比例和確定人體比例的方法。進行人體造型時，必須把握人體整體與各部位之間的比例關係。

（1）全身比例

人體比例，一般以人體中的某一部位為單位來衡量，如測量全身，通常以頭長為單位。中國成人的人體長度一般為 7.5 個頭長，其比例大致如圖 3-13。儘管正常發育的人體各部分之間大體都保持一定的比例關係，但這種比例關係並不是絕對不變的。人體比例因種族、性別、年齡、體型及個體的不同，存在較大的差異。如按性別區分，標準男女人體的比例就不盡相同。圖 3-14 為標準男性人體比例圖，身體的總長度相當於 8 頭身。從正面看，男性肩的寬度占頭長的 7/3，居於由頭頂向下 1/6 距離的平面上。兩乳頭之間的距離是一個頭寬，位於頭部下方的 1 頭身處。腰部寬度略小於 1 頭身。手腕恰垂於大腿根平面稍下。雙肘約居肚臍的水平線上。雙膝正好在人體 1/4 稍上的位置。

圖 3-15 為標準女性人體比例圖，5 尺 8 寸（172.72 公分）是女性的標準高度，約為 7.5 頭身。

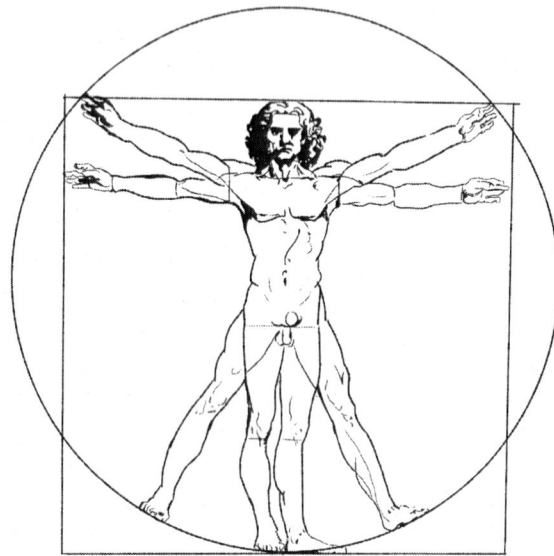

▲ 圖 3-11

▲ 圖 3-12 達文西繪製的人體比例圖

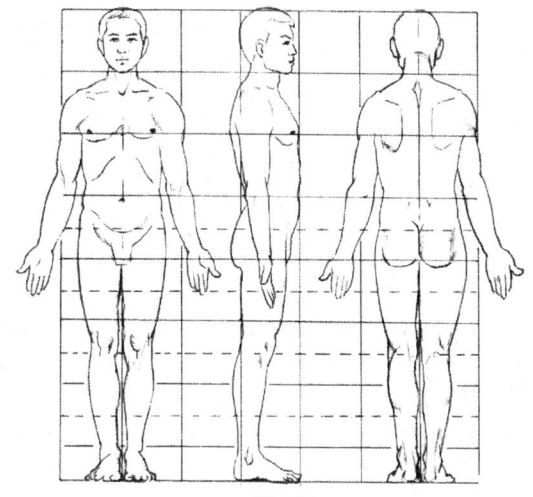

▲ 圖 3-13

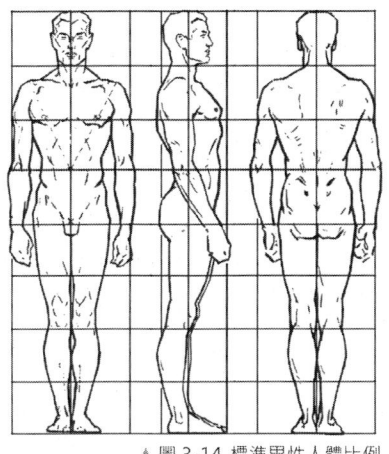

▲ 圖 3-14 標準男性人體比例 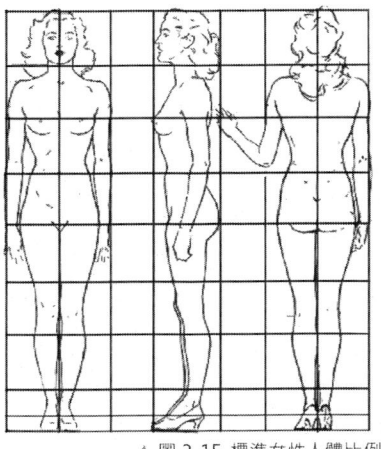　　▲ 圖 3-15 標準女性人體比例

從正面看，女性身體較男性窄，其最寬的部位——肩部，為兩個頭寬。乳頭位置比男性稍低。腰寬為一個頭長。大腿正面比胯部寬，後面稍窄於胯部。小腿略短於大腿。女性肚臍位於腰線稍下方，乳頭與肚臍相距一個頭長，兩者都居頭分段線稍下方。肘位於臍線稍上的位置。

按年齡區分，1～2 歲的幼童為 4 頭身，5～6 歲的兒童為 5 頭身，9～10 歲的兒童為 6 頭身，14～15 歲的少年為 7 頭身，成人為 7.5 頭身（圖 3-16）。因此，在衡量每個具體人物時，需結合上述各方面條件來考慮。此外，在藝術創作和設計中，還可以根據藝術表現的需要確定人體比例關係，如理想化的人體比例為 8 頭身，甚至可達 12 頭身。

(2) 頭部比例

頭部的比例關係主要是五官之間的比例關係，通常歸納為 "三庭五眼"（圖 3-17）：所謂 "三庭"，即自髮際線至眉線，眉線至鼻底線，鼻底線至頦底線，這三部分長度均相等；"五眼"，即把臉寬定為 5 隻眼睛的寬度——兩眼之間為 1 眼寬（即鼻寬），兩外眼角至兩側鬢角各為 1 眼寬，再加上兩眼本身的寬度。耳的長度與鼻長相等，上齊眉線，下齊鼻底線。上下嘴唇相合於鼻底線至下頦的距離靠上 1/3 處。成人眼在頭高的 1/2 處。

幼兒的腦顱大、顏面小、鼻樑低、眼睛顯得大，下頦渾圓並後縮，眉線在頭高的 1/2 處（圖 3-18）。頭部比例會隨著年齡增長而變化。

(3) 軀幹比例

軀幹約為 3 頭身，大致比例如下：正面自頦底至乳線 1 頭身，乳線至臍孔 1 頭身，臍孔至恥骨稍下 1 頭身；背面從第 7 頸椎至肩胛骨下角 1 頭身，肩胛骨下角至髂脊 1 頭身，髂脊至臀部底 1 頭身。頸寬 1/2 頭身，肩寬

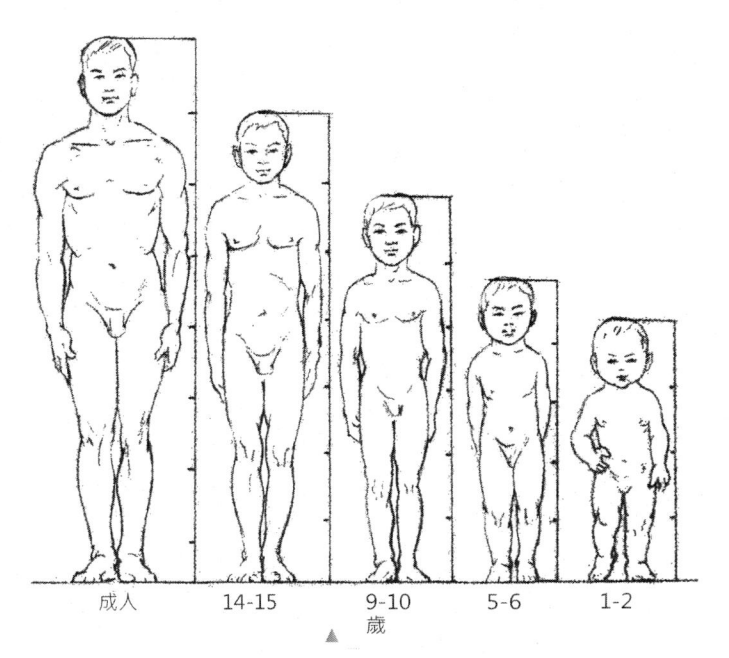

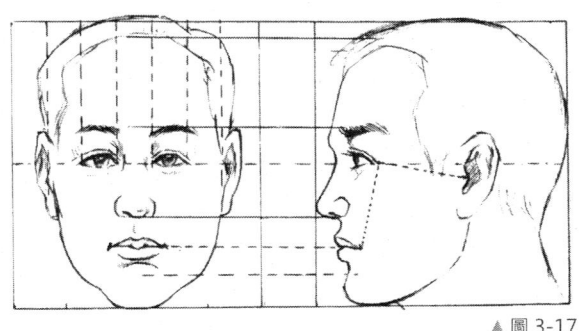

成人　14-15　9-10　5-6　1-2
▲ 歲

▲ 圖 3-17 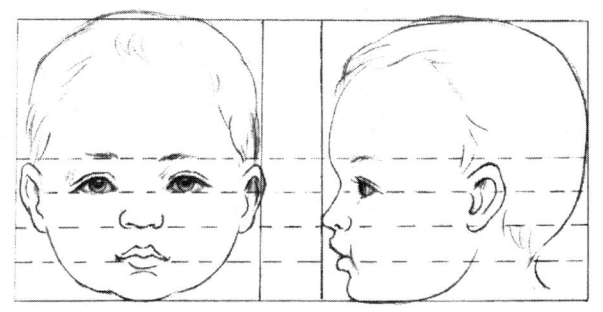　　▲ 圖 3-18

▲圖 3-19

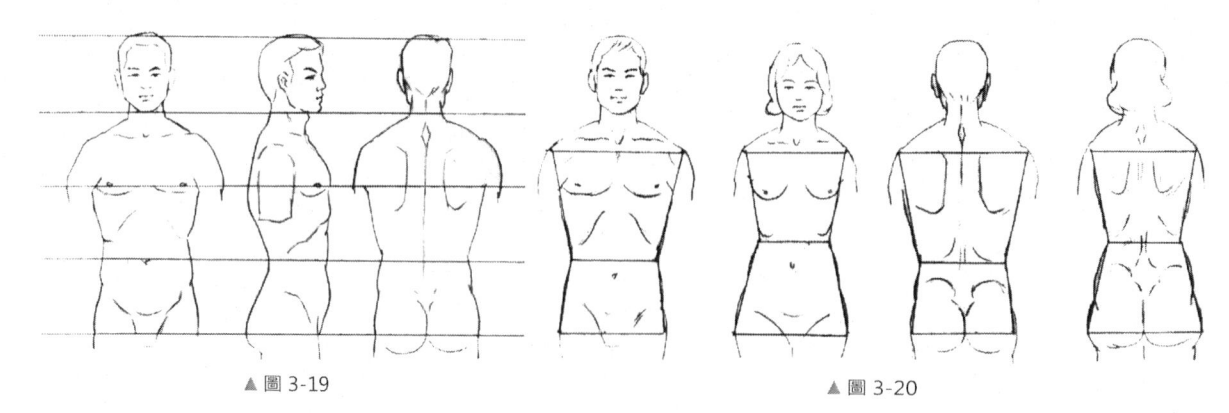

▲圖 3-20

2 頭身。（圖 3-19）

男女軀幹的比例差異較大，正面若從肩線至腰際線再至臀折線所形成的兩個梯形，男性上大下小，女性上小下大。女性背面從肩線至臀折線一半的部位正值腰際線。（圖 3-20）

（4）四肢比例

① 上肢比例

上肢從肩關節到指尖為 3 頭身，上臂為 4/3 頭身，前臂為 1 頭身，手為 2/3 頭身。手的長度為其寬度的兩倍。從掌面看，手掌長於手指；從手背看，手指長於手背。拇指兩節長度相等，另外 4 根手指分 3 節，手指第一節略長於第二、第三節。（圖 3-21）

② 下肢比例

下肢比例，自大轉子至膝關節的長度等於膝關節至足底的長度，這兩部分各為 2 頭身。足的長度為 1 頭身，足寬為足長的 1/3。足拇趾的寬度占 5 趾寬度的 1/3。個子高矮決定腿的長短。（圖 3-22）

3.人體動態

（1）人體動態與結構

人體動態（圖 3-23）與其結構有關。複雜的人體結構可簡化概括為"一豎、二橫、三體積、四肢"（圖 3-24）。所謂"一豎"，指脊柱。脊柱線從正面或背面看是一條分隔號，從兩側看呈彎曲狀。運動時，彎曲狀有相應變化。"二橫"，指兩側肩峰連線與骨盆兩側髂前上棘連線。這兩條連線在人體直立時平行；運動時

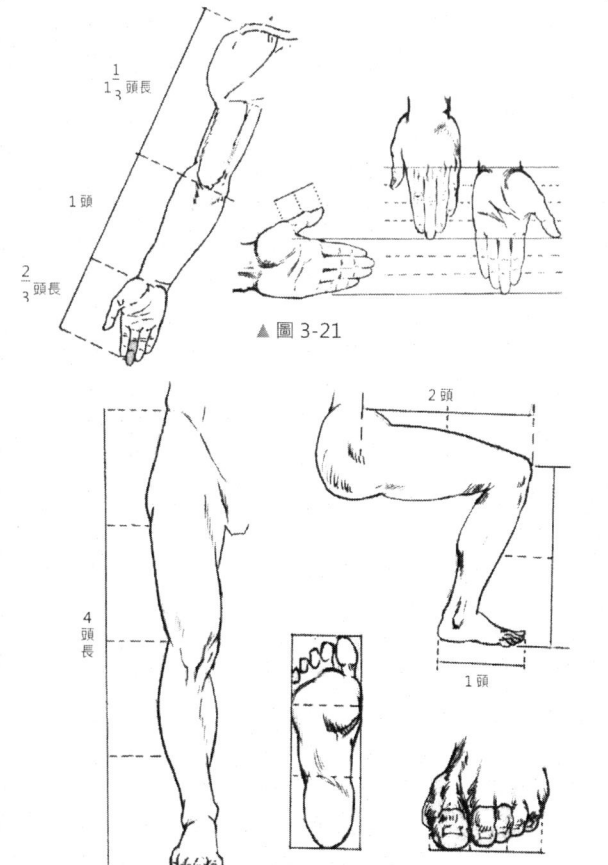

▲圖 3-21

▲圖 3-22

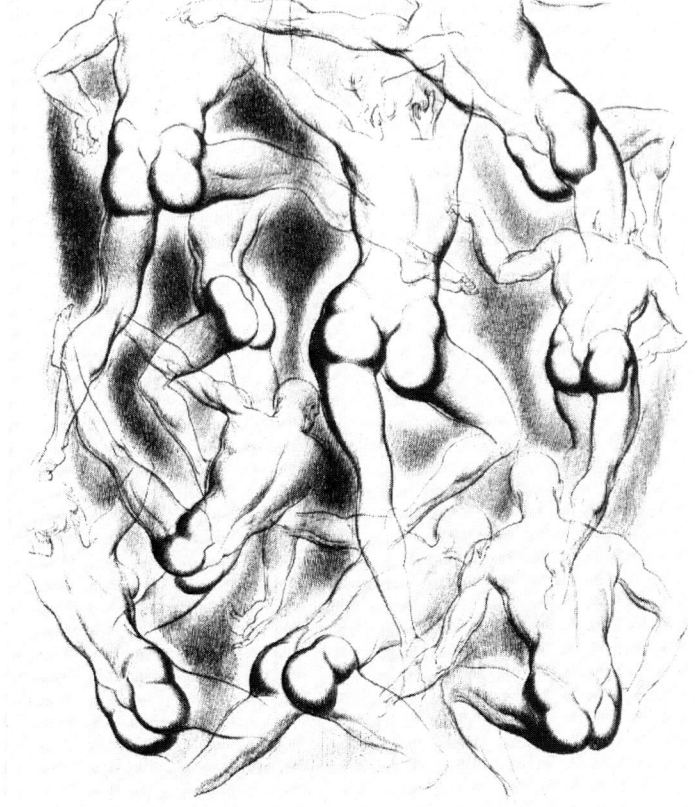

▲圖 3-23 人體動態

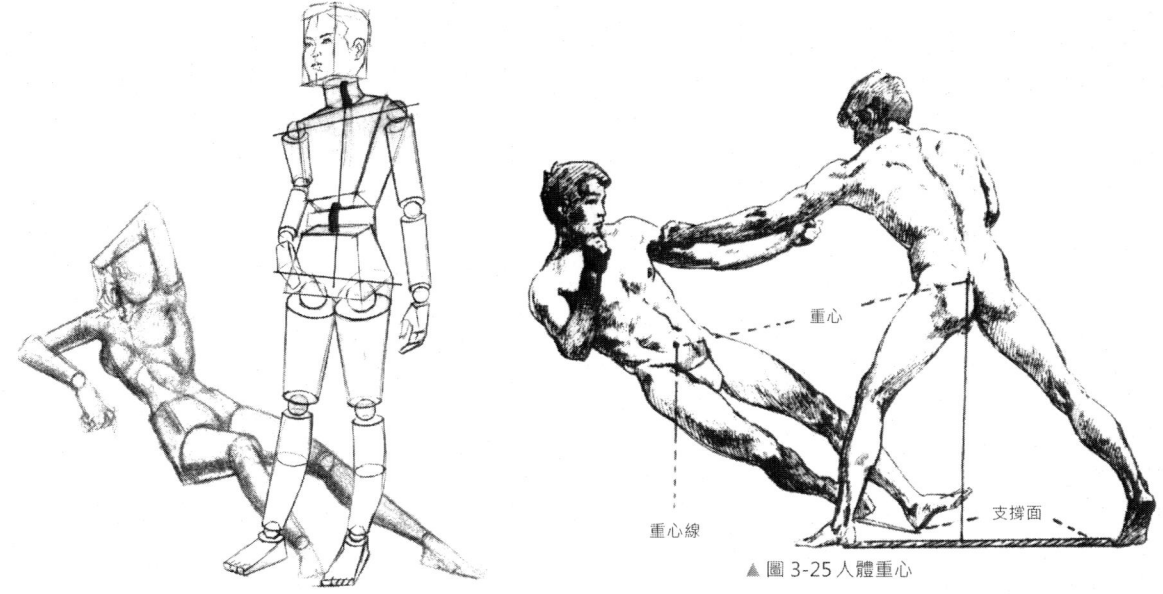

▲ 圖 3-24 人體動態與結構

▲ 圖 3-25 人體重心

兩線傾斜，不平行。"三體積"指頭部、胸廓和骨盆。這三塊體積由於骨骼結構的原因，自身不能活動，其外形相對固定。三體積由脊柱上下串聯成一個整體，頭與胸廓透過頸椎相串，胸廓與骨盆則由腰椎相連，運動時三者之間通常是相互扭轉的。"四肢"指上、下肢。上肢借肩關節與胸部相依，下肢以髖關節與骨盆相接。四肢的上臂、前臂和大小腿共 8 段圓柱體，再加上手、腳共 12 部分。它們由肘關節、腕關節、膝關節、踝關節連接，使手、臂和腿、腳各部分能做一定範圍的運動。由於手和腳都有各自的關節，因此，手、腳還能形成各種動態。

（2）人體動態與平衡

人體動態與人體平衡是分不開的。人體在運動過程中，必須始終維持身體平衡，否則就會摔倒。平衡是人體自身固有的保持自我穩定的生理機能。我們應瞭解人體造型中與人體平衡有關的人體重心、重心線和支撐面等因素。

人體重心是指人體的重量中心；由人體的重心向地面引出的一條垂直線，即重心線；支撐人體重量的面叫支撐面。（圖3-25）

人體重心的位置並非固定，它隨著人體姿勢的變化而變化，人體姿勢不同，其重心位置也不同。例如，站立人體的重心大約在臍孔稍下的位置，當雙臂上舉時，其重心則相應上移至臍孔稍上的位置；當人體下蹲時，重心下降；當人體前屈時，重心前移；當人體後伸時，重心後移。此外，不同體型的人，重心的位置也不一樣。人體重心的位置可憑直覺來估計，一般方法是從支撐面向上作垂直線，並與髂前上棘的連線或髂後上棘的連線相互連接起來，這個連接點就是人體重心的大致位置。

重心線可作為分析人體動態的輔助線。如果重心線垂落在支撐面內，人體就能保持平衡穩定，否則身體便失去平衡，給人不穩定的感覺。只有人體在運動過程中才會出現重心不穩的狀態，並且運動幅度越大，離平衡就越遠。人體運動就是不斷地破壞原有平衡的過程。

支撐面的大小對人體的穩定與平衡起著決定性的作用。支撐面越大，人體重心越穩定。

透過以上對人體重心和支撐面的分析，可將人體的各種動態大致歸納為三種類型：其一，在支撐面以內的重心移動的動作，如站、坐、蹲、臥等；其二，超越了支撐面的重心移動的動作，如走、跑、推、拉等；其三，人體離開了支撐面的動作，如跳躍、翻騰等。掌握上述這些人體重心和人體運動規律，是表現人物動態的關鍵所在。

（3）部位動態特徵

人體全身動態是各部位動態的複合，各部位的運動又在關節的活動中實現，它們受關節生理結構所限定的活動範圍的制約，都有一定的運動規律。上肢運動主要在肩、肘、腕等部位，肩關節能做多種活動，但後伸受到限制；肘部前屈角度大，後伸至直為止；手腕內收角度較大，外展角度小；手的動作靈活多變，手指屈度大，伸只能至平直為止。下肢的運動主要在髖關節、膝關節和踝關節等部位。髖關節能作多種運動，後伸、外展稍受限制；膝關節的活動主要是屈伸，向後屈度大，大腿、小腿只能伸至平直為止。腳的活動主要在踝關節和足趾部位。踝關節屈伸動作大於左右轉向動作，足趾屈度大，伸至平直為止。

頭部運動以脊柱為中心，經常是左右轉動、左右傾斜及上下傾斜。

▲ 圖 3-26 人體部位動態

軀幹的動態是全身動態的關鍵，軀幹中的每一個微妙的變化都會影響到全身，而軀幹的運動主要是脊柱的活動。由於脊柱的活動，使頭部、胸廓和骨盆之間的關係發生了很多變化。頸椎能使頭部運動，腰椎可以彎曲，並具有軸樣性能，在運動時有很大程度的扭動性，能前後屈伸、側屈和扭轉等，活動範圍較大。軀幹運動時，胸廓與骨盆的位置相輔相成。

肢體運動以關節為中心，如果將關節比作圓心，臂、腿比作半徑，不論它們處於什麼方位，都能用圓周的弧形線對它們的透視長度進行全面控制。這樣，我們就能從弧線上取得一系列的半徑作為肢體的長度，從而畫出多種多樣的肢體動作。（圖3-26）

（三）色彩構成

色彩是一種視覺資訊，遊戲中的色彩是遊戲視覺化的重要組成部分。合理地運用色彩，就要求我們具體掌握色彩的基本規律。

1. 色彩形成的三個方面

光源色：由光源的照射、物體本身的反射形成一定的色彩。

環境色：環境對物體色彩的影響。
空間色：空間對物體色彩的影響。

2. 色彩的三個類型

光源色：由各種光源發出的光，光波的長短、強弱、比例性質不同，形成不同的色光，故叫作光源色。

固有色：是指物體固有的屬性在常態光源下呈現出來的色彩。（物體表面有著堅硬、光滑、粗糙、柔軟之別，以致感光程度不同，反射光線也產生了規則和不規則之分。）

環境色：是指物體周圍環境的顏色反射到物體上的顏色。（物體表面受到光照後，除吸收一定的光外，還能反射到周圍的物體上，尤其是光滑的材質具有強烈的反射作用。環境色在物體的暗部中反映較明顯。）

3. 色彩的三個屬性

彩色系的顏色具有三個基本特性（也稱色彩的三個屬性）：色相、明度、純度（也稱彩度、飽和度）。

（1）色相

色相是指色彩的顯著特徵。色相是色彩的首要特徵，是區別各種不同色彩的最準確的標準，即每種色彩的相貌、名稱，如紅、橘紅、翠綠、湖藍、群青等。色相的稱謂，即色彩與

▲ 圖 3-27 十二種不同的色相

顏料的命名有多種類型與方法。（圖3-27）

（2）明度

明度是指色彩的明暗和深淺。色彩明度是指色彩的明亮程度。色彩的明度變化有多種情況，一是不同色相之間的明度變化，如：白比黃亮、黃比橙亮、橙比紅亮、紅比紫亮、紫比黑亮；二是在某種顏色中加白色，明度就會逐漸提高，加黑色明度就會降低，同時它們的純度（顏色的飽和度）也會降低；三是相同的顏色，因光線照射的強弱不同也會產生不同的

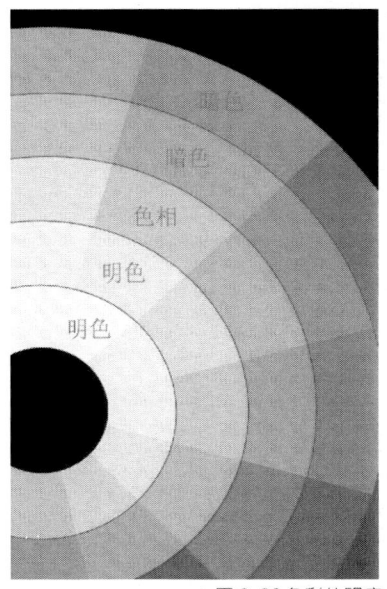

▲ 圖 3-28 色彩的明度

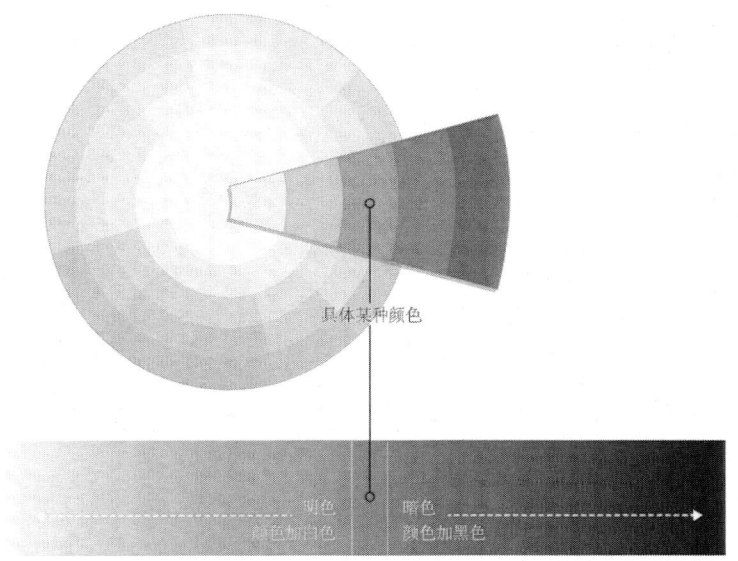

▲ 圖 3-29 色彩的純度

明暗變化。（圖 3-28）

（3）純度

純度是指色彩的鮮豔度和飽和度。色彩的純度是指色彩的純淨程度，它表示顏色中所含有色成分的比例（圖 3-29）。含有色彩成分的比例越大，則色彩的純度越高，含有色彩成分的比例越小，則色彩的純度就越低。可見光譜的各種單色光是最純的顏色，為極限純度。當一種顏色摻入黑、白或其他顏色時，純度就會產生變化。物體表層結構的平滑有助於提高物體色的純度，同樣純度的油墨印在不同的紙上，光潔的紙印出的純度高些，粗糙的紙印出的純度低些，物體色的純度能夠達到最高的包括絲綢、羊毛、尼龍等。

不同色相所能達到的純度是不同的，其中紅色純度最高，綠色純度相對低些，其餘色相居中。不同色相的明度也不相同。

4. 色彩的五大調子

"五大調子"指亮部、中間調、暗部、反光、投影。表現在繪畫上面就是指色彩的深淺關係、鮮灰關係，

▲ 圖 3-30

越往暗部顏色越深，色度越灰；越往亮部走顏色越淺，色度越鮮亮。高光是物體質感表現重要的組成部分，高光越明確，物體越光滑，反之亦然。（圖 3-30）

亮部：固有色加光源色加白。中間調：主要就是物體的固有色。

暗部：由物體固有色和其補色組成，受環境色影響。

反光：在物體暗部顏色的基礎上加上飽和度較低的環境色和一些冷暖色，主要取決於光源是冷色還是暖色。

投影：主要為環境色的補色和一些物體暗部的顏色。

高光：純白加少量光源色。

二、相關軟體基礎

(一) 二維繪圖軟體——Adobe Photoshop

Adobe Photoshop，簡稱"PS"，是由 Adobe 公司開發和發行的影像處理軟體。Photoshop 主要處理以圖元所構成的數位圖像。使用其眾多的編修與繪圖工具，可以有效地進行圖片繪製及編輯工作。

1. Photoshop 介面概覽

啟動 Photoshop 後出現的視窗是進行繪畫創作時的基本介面，圖片繪製處理就在此視窗中進行。(圖3-31)

(1) 功能表列：其中包含軟體中的所有命令，透過這些命令可以實現對圖像的操作。

(2) 屬性欄：當選擇了工具列中的工具時，這裡就顯示出該工具的相關屬性。

(3) 工具列：列出了 Potoshop 的基本工具。將滑鼠放在某個工具上就可以顯示這個工具的名稱。有些工具的右下角還有一個小三角，表示這是一個組合工具，用滑鼠點擊小三角，則可顯示出圖示裡所包含的工具。牢記常用工具的快速鍵和熟練地使用工具，可使繪製過程更加流暢。

(4) 檔編輯區：這是作畫的舞臺，在這裡可以用畫紙作畫。

(5) 活動面板：可隨意拖動，包括圖層、歷史記錄等。這裡的面板都可以最小化或者關閉。在功能表列的"視窗"裡可以顯示或隱藏面板。當作圖時，因為面板的遮擋無法看清圖片的全貌，這時候可以按住鍵盤上的 Ｔａｂ 鍵將所有的工具列和麵板隱藏，同時按住 Shift 和 Tab 的活動面板。

2. 圖層的基礎知識

(1) 圖層

過去在繪製漫畫的時候，經常會使用透明的畫紙，分別給畫面上色，之後再進行重疊組合。基於這個原理，Photoshop 軟體設置了圖層這一功能。不同的圖層之間可以互不影響地進行操作，即使失敗了也可以馬上進行修整，還可以在圖層上進行顏色和風格的調整。但是過多的圖層會佔用大量的檔空間，所以可根據個人電腦的配置情況對圖層數量進行調整。(圖3-32)

① 背景圖層：在新建或者打開某檔時默認在此檔中最少應包含此圖層，其中背景層應具有的屬性包括：a.不可移動性；b.背景色作為底色；c.在所有層的最下方或者最後方。

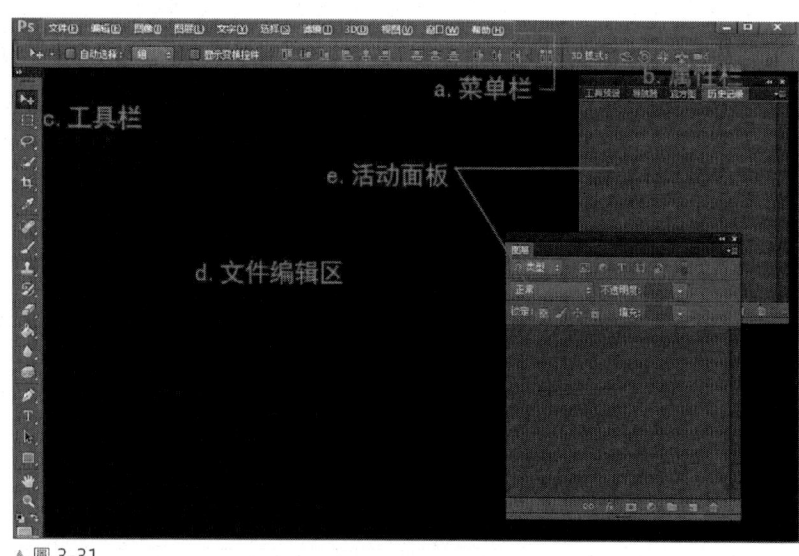

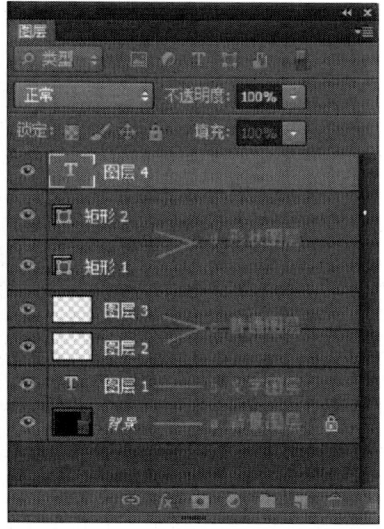

▲ 圖3-31

▲ 圖3-32

▲ 圖 3-33

注：背景層實際上為"圖層 0"，按兩下此圖層可直接轉化。

②普通圖層：可以在圖層面板上添加新圖層，然後在圖層裡面添加內容，也可以先添加內容再創建圖層。一般創建的新圖層會顯示在所選圖層的上方或所選圖層組內。

③文字圖層：當使用者選擇文字圖層工具創建文字時，在圖層面板中 會自動創建此圖層，預設情況下此圖 層為向量圖（具有向量屬性的圖片在 電腦中可支援無限級的縮放），如果 需要轉化成可編輯圖形，使用者可直接 在其位置處點擊滑鼠右鍵選擇"柵格 化"（此時定義為點陣圖物件）。

④形狀圖層：指在選擇"形狀工具"或者"鋼筆工具"中第一項時所自動創建的圖層，此圖層也可理解為向量圖（因其中含有向量對象）。在其所在圖層位置處點擊鼠標右鍵選擇"柵格化"，可實現位元圖物件的轉化。

（2）圖層的使用

以下詳細介紹 Photoshop 的圖層不同功能的使用。（圖 3-33）

①新建圖層：透過"圖層"→"新建"→"圖層"可以建立新的空白 圖層。點擊圖層視窗的名字，可以對 圖層進行重新命名，以方便管理。

②圖層的鎖定：在圖層窗口中帶有顏色的圖層被稱為活動的圖層，也就是說只有在活動的圖層中，才能進行操作。透過點擊圖層視窗中的圖層名稱，可以進行切換。

透過對圖層的鎖定能夠保護其內容，可以在完成某個圖層設置時完全鎖定它，在圖層面板中包括鎖定圖層透明圖元、鎖定圖像圖元、鎖定位元 置、鎖定全部操作命令，鎖定的圖層 不能進行移動。為了方便繪製，可以 在作畫時鎖定不需要改動的圖層。

③切換圖層：圖層視窗中有一個眼睛圖示，它的作用是隱藏和顯示所對應的圖層。每次點擊這個眼睛圖標，就是在當前圖層與非當前圖層之間進行切換。在操作過程中必要時和需要確認時，請嘗試切換功能。

④圖層位置的調整：圖層擺放的順序可以根據個人操作習慣來調換。在圖層窗口上，按住任意圖層名，可拖放到合適的位置。

可以嘗試按照所繪物件色彩的上色順序來放置圖層。例如：整體大色調圖層放在下層，中間色的圖層放在中層，點綴的顏色圖層放在最上層；也可以將素描圖層放在最上層，下面放入任意顏色的圖層；還可以將高光放在圖層最上層等。

⑤不透明度：在圖層視窗裡，可以調整當前圖層的"不透明度"，圖層的不透明度按百分比變化。

（3）圖層混合模式

圖層視窗的左上方，可以改變圖層的重疊效果。默認設置為"正常"。如果想將下層圖層顏色像透明水彩一樣透過本圖層疊加到下一圖層上，可使用"正片疊底"模式。另外還有其他具有不同變化效果的圖層混合模式。（圖 3-34）

①減淡型混合模式："減淡"混合模式包括"變亮""濾色""顏色減淡""線性減淡"模式。

②加深型混合模式："加深"混合模式中包含了"變暗""正片疊底"模式。

③對比型混合模式："對比"混合模式綜合了"加深"和"減淡"模式的特點。"對比"混合模式包含了"疊加""強光""線性光""點光""實色混合"模式。

④比較型混合模式："比較"混合模式可以比較當前圖像與底層圖像，然後將相同的區域顯示為黑色，不同的區域顯示為灰度層次或色彩。"比較"混合模式中包含了"差值"和"排除"模式。

⑤色彩型混合模式：色彩的三要素是"色相、飽和度和亮度"，使用"色彩"混合模式合成圖像時，Photoshop 會將三要素中的一種或兩種應用在圖像中。"顏色"模式是用於基色的亮度以及混合色的色相和飽和度創建結果色。

（4）圖層樣式

在圖層右下角，圖層樣式命令裡可以打開圖層混合選項對話方塊。與圖 層混合模式、圖層不透明度相比高

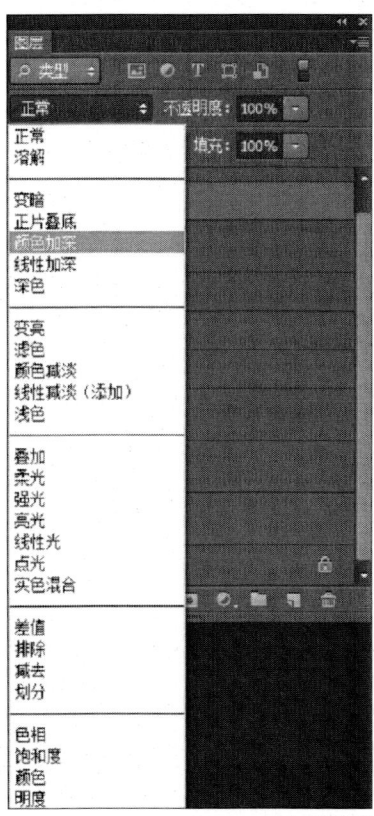

▲ 圖 3-34

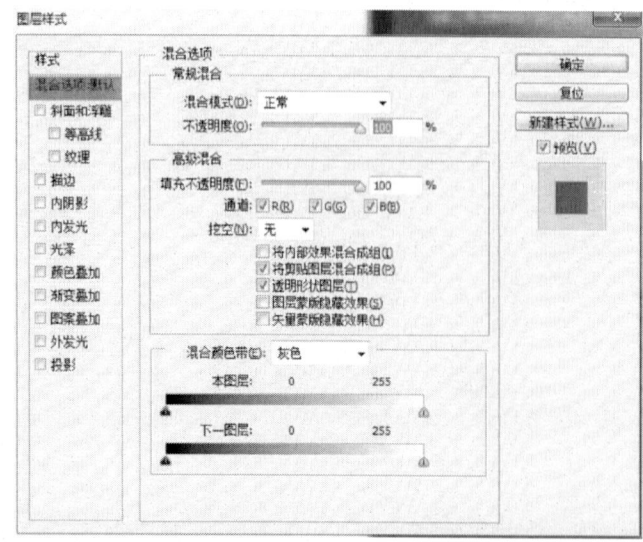

▲ 圖 3-35

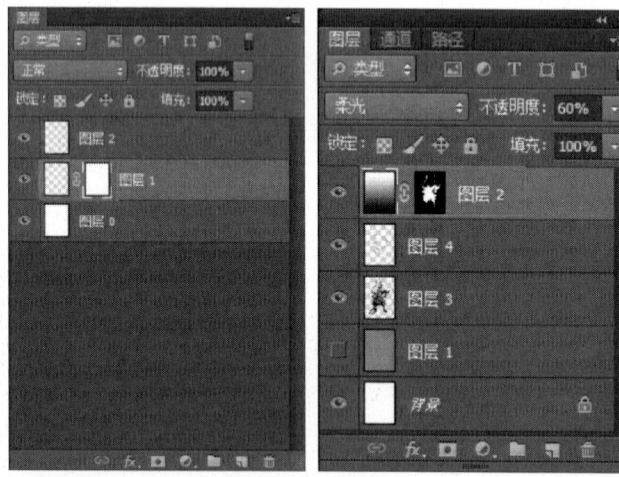

▲ 圖 3-36　　　　　　▲ 圖 3-37

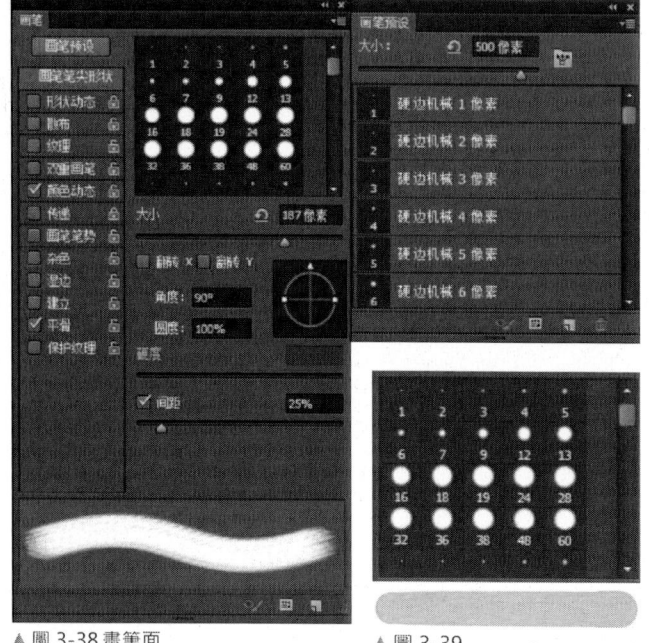

▲ 圖 3-38 畫筆面　　　▲ 圖 3-39

級混合功能一般很少用，只在一些特殊情況下，使用高級混合功能可以快速達到需要的效果。（圖 3-35）

（5）蒙版

蒙版是用於控制圖層中圖像的顯示或隱藏效果的功能。圖層蒙版是灰度圖像，採用黑色在蒙版圖層上進行塗抹，塗抹的區域圖像將被隱藏，顯示下層圖像的內容。相反採用白色在蒙版圖像上塗抹，則會顯示被隱藏的圖像，遮住下層圖像內容。因此在對圖像進行顯示或隱藏的時候不會影響原圖像的效果，具有保護原圖像的作用。（圖 3-36）

利用蒙版可以把毛髮一根一根繪製出來，還可以用蒙版刻畫細節，達到畫面深入的效果。除了利用繪圖工具編輯圖層蒙版外，還可以用漸變工具、油漆桶、濾鏡等。

圖 3-37 中的圖層 2，利用漸變工具編輯蒙版，可以清楚、整體地給畫面提亮亮部，壓低暗部。這樣既方便快捷，又不會破壞原本已經畫好的圖層。

在快速範本的編輯模式下，同樣還可以採用工具對蒙版進行準確的選擇。對需要選擇的圖像進行塗抹並且轉換成選區，然後刪除選區之外的圖像，就可以對圖像進行摳取。

3. 繪圖工具

Photoshop 有許多繪圖工具，包括畫筆、鉛筆、橡皮圖章、圖案圖章、橡皮擦、模糊、銳化、塗抹、加深、減淡和海綿等。但是繪製 CG 最常用的還是畫筆工具。

（1）認識畫筆

在功能表列的視窗選項裡可以打開畫筆面板（圖 3-38），在畫筆面板中，有三種不同類型的筆。

第一類畫筆稱為硬邊畫筆（圖 3-39），這類畫筆的邊緣硬朗明確。一般在勾線、需要刻畫精細的地方使用，也是最常使用的畫筆類型。

第二類畫筆具有柔和的邊緣（圖 3-40），我們稱之為軟邊畫筆。一般在上色的時候使用。軟邊畫筆可以使顏色之間的結合顯得融洽。

第三類畫筆為不規則形狀畫筆（圖 3-41）。 一般在有特殊需要的時候使用，例如畫面的裝飾（星光等）、草地、遠山、皮膚紋理。

（2）編輯畫筆 畫筆面板中的編輯畫筆功能（圖 3-42），幫助使用者調整出最符合個人要求的畫筆。

在畫筆面板中，可以透過調整畫筆設置得到

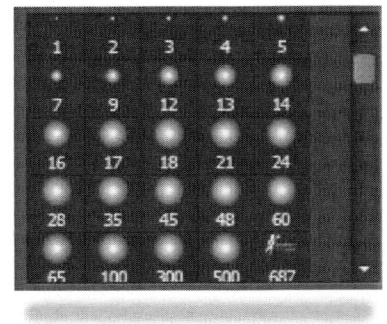

第三單元 遊戲美術製作基礎

畫面需要的畫筆效果。例如在需要畫毛髮時，透過編輯畫筆筆尖形狀、畫筆角度和圓度等可以製作一個專用於繪製毛髮的畫筆。（圖3-43）

可以製作出水墨特色效果的畫筆。（圖3-44）

使用同一種畫筆，在改變間距、角度、翻轉等數值後，我們可以得到不一樣的作畫效果。（圖3-45）

（3）不透明度與流量

使用畫筆的時候，可以在屬性欄調節畫筆的不透明度和流量。

減低畫筆不透明度將減淡色彩，筆劃重疊處會出現加深效果。

在繪製中降低流量後，重疊的區域也會有加深的效果。多重疊幾次的顏色更飽和，就如同我

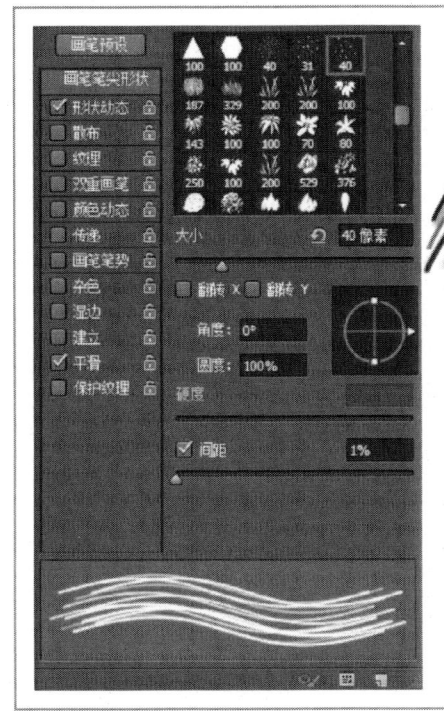

▲ 圖 3-

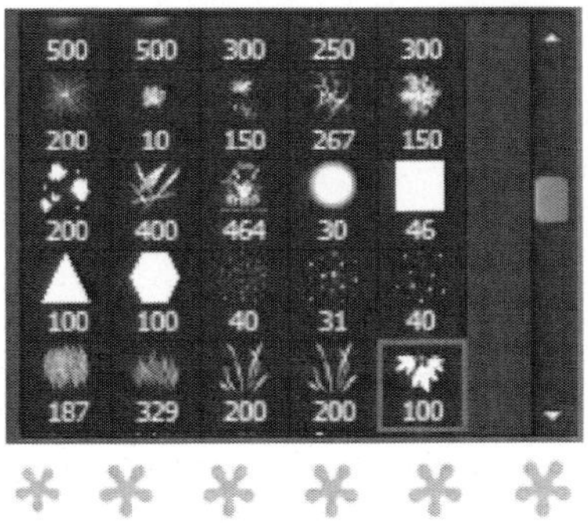

▲ 圖 3-41

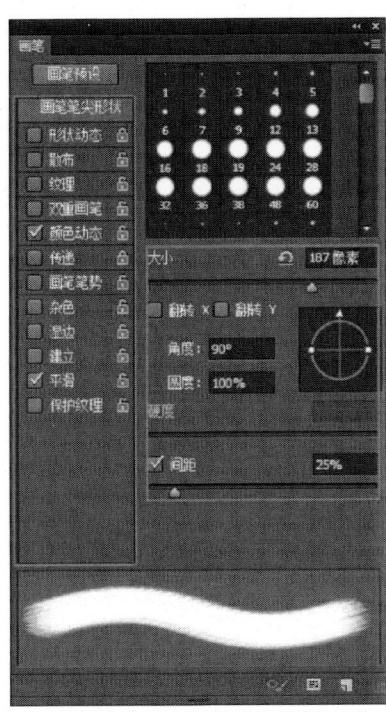

▲ 圖 3-42 紅色方框內為編輯畫筆功能

▲ 圖 3-43

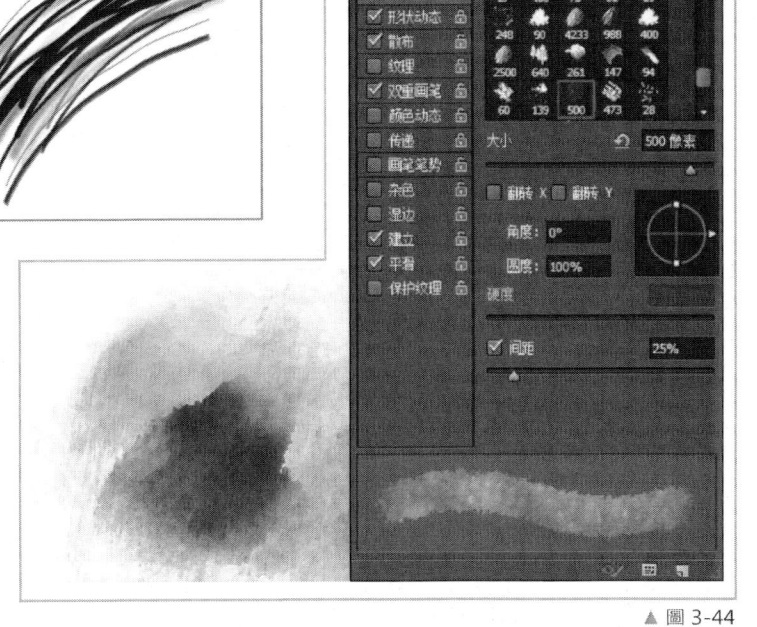

▲ 圖 3-44

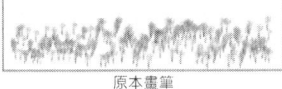

原本畫筆　　　調節間距　　　改變角度　　　翻轉

▲ 圖 3-45

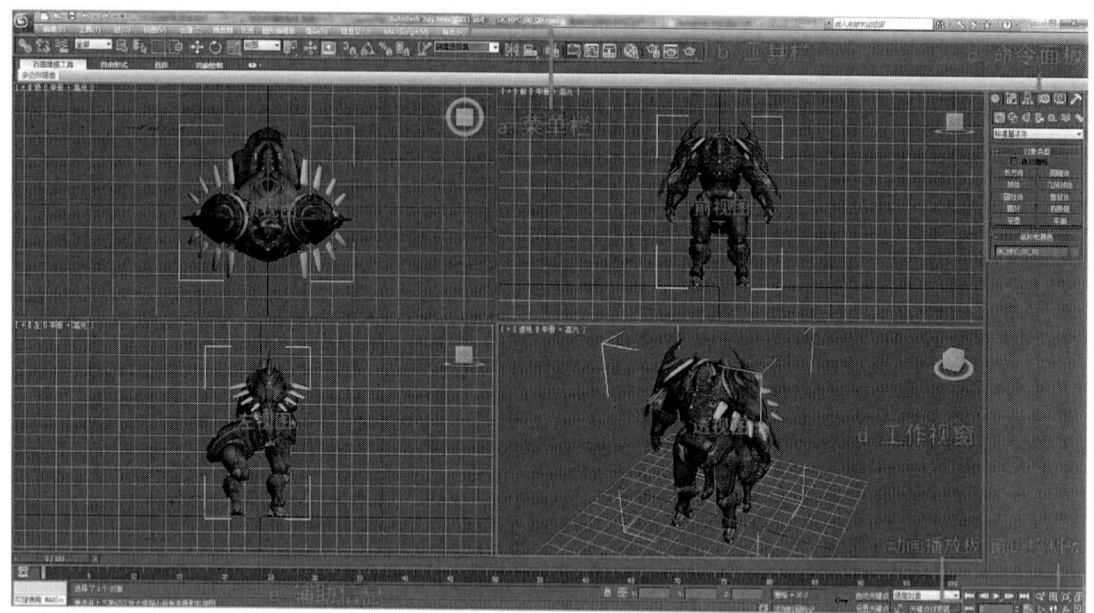

▲ 圖 3-46

們在畫紙上使用水彩效果。

（4）使用畫筆

選擇出想要使用的畫筆，就可以在畫紙上開始作畫了。使用 Photoshop 可以使創作過程更方便，但要學會 CG 繪畫還需要大量的練習與對繪畫的理解。

Photoshop 涉及領域廣泛，因其對圖像強大的處理功能和極高的穩定性，被各個行業廣泛應用。熟練掌握 Photoshop 能為數位繪畫提供巨大的便利。在學習的過程中，應該儘量全面掌握 PS 的所有功能，重點掌握必需的各種屬性設置和最終效果，這將使我們在繪圖過程中如虎添翼，並能透過 Photoshop 表現出更加理想的畫面效果。

（二）三維繪圖軟體——3ds Max

3D Studio Max，常簡稱為 3ds Max 或 MAX，是 Discreet 公司（後被 Autodesk 公司合併）開發的基於 PC 系統的三維動畫渲染和製作軟件，現在主要運用於三維電腦遊戲的製作。3D Max 同樣也是現在三維遊戲製作的主流軟體。

1. 3ds Max 介面概覽

3ds Max 的介面由多個功能區塊組成，大部分的工作是在視圖區再配合一些輔助命令完成的，3ds

主介面由以下五個部分共同組成。

（1）功能表列，如圖 3-46，主功能表位於螢幕最上方，提供了命令選擇。

（2）功能表列下方就是工具列，在這裡有一些常用的指令。

（3）命令面板，用於模型的創建和編輯修改，共由 6 個基本命令面板組成。每個面板下面為各自命令內容，有些命令仍有分支。點取面板每一項，會在下面出現各自的次級命令選項，點取次級命令會在其下出現相應的控制命令。

（4）工作視窗，系統內定四個視圖：Top（頂視圖）、Front（前視圖）、Left（左視圖）、Perspective（透視圖），透過視圖的轉換可以更清楚地瞭解製作物體的結構，使建模更精確。

（5）輔助資訊，在輔助資訊欄裡面有動畫播放板和視窗控制板等。可以透過這些指令製作動畫、控制工作區域的視窗等。

2. 命令面板 命令面板包括：創建面板、修改命令面板、層次面板、運動面板、顯示面板、實用程式面板。

（1）創建面板 在該面板下透過 7 個按鈕，可以進入創建幾何體、圖形、燈光、攝影機、輔助物件、空間扭曲和系統物件等環境中，按一下某個類型的按鈕後，在"物件類型"卷展欄中就會直接給出各種子類別物件。按下一個子類別物件按鈕就可以在視圖中創建物件。（圖 3-47）

在"物件類型"卷展欄上方有一個下拉式功能表，透過這個下拉式功能表又可以選擇其他類型的子類別物件。在"名稱和顏色"卷展欄中，不但顯示了視圖中被啟動物件的名稱和顏色，

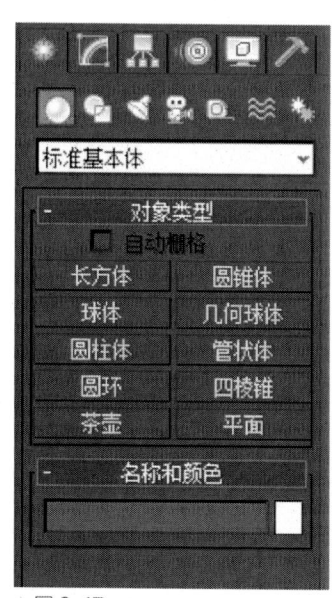

▲ 圖 3-47

還可以對物件的名稱和顏色進行修改。

（2）修改命令面板（圖 3-48）

①改變現有物體的創建參數；②應用修改命令調整一組物體或單個物體的幾何外形；③進行此物體組分的選擇和參數修改；④刪除修改。

（3）層次面板

它包含連結和方向運動學以及繼承命令，使用這個命令面板，可以方便地對物體進行連接控制，透過連接可以在物體間建立父子關係，並提供正向運動和反向運動的雙向控制功能，使物體的動作表現更生動、更自然。（圖 3-49）

（4）運動面板

它包含動畫控制器和軌跡。運動面板透過物體的運動軌跡對物體進行有效的控制，使用中一般配合軌跡視圖操作，使用這個命令功能還可以獲得變換的動畫關鍵幀數值，如位移、旋轉和比例縮放等，這些數值可以細微地控制和刻畫動作的表現。（圖 3-50）

（5）顯示面板

它包含物件的顯示、凍結等控制。顯示命令面板控制著場景中各種物體的顯示情況，3ds Max 中所有物體、圖形、燈光、攝影機、輔助物件等的顯示或隱藏狀態均可在這裡控制。透過該面板的一些設置可以方便在視圖區的操作，還可以加快畫面顯示速度。注意，如果勾選了該面板的選項，則表示已啟用隱藏等控制，即已經隱藏。（圖 3-51）

（6）實用程式面板

它包含其他一些有用的工具，如測量、Reactor 系統設置等。此面板提供了很多外部程序，用於完成一些特殊的操作，同時很多獨立運行的外掛程式和 3ds Max 的腳本程式也都安裝在這裡。（圖 3-52）

3. 材質編輯器

材質編輯器的功能是建立和編輯材質與貼圖，並且透過渲染把它們表現出來，使物體表面呈現出不同的質地、色彩和紋理。材質在三維模型創建過程中是至關重要的。通常透過材質編輯來增加模型的細節，體現出模型的質感。（圖 3-53）

材質編輯器的功能表列提供了另一種調用各種材質編輯器工具的方式。

示例窗（材質球），使用示例窗可以保持和預覽材質與貼圖，每個視窗可以預覽單個材質或貼圖。使用"材質編輯器"控制項可以更改材質，還可以把材質應用於場景中的物件。要做到這點，最簡單的方法是將材質從示例窗拖動到工作視窗中的物件。

材質類型和名稱欄示例窗中顯示材質球的相關資訊，並且可對材質球名稱以及材質類型進行個性化更改。

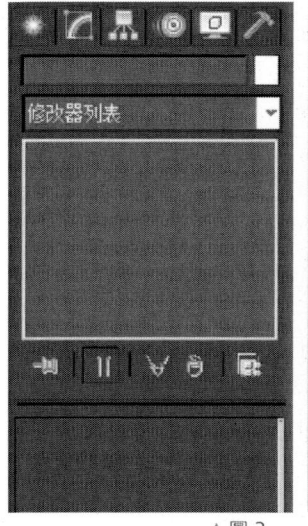

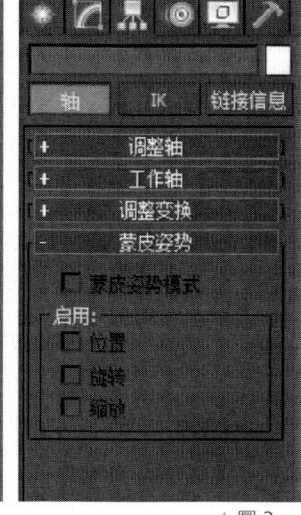

▲圖 3-

▲圖 3-

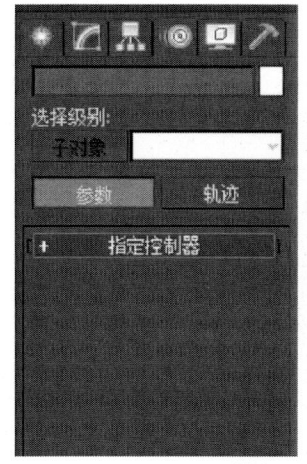

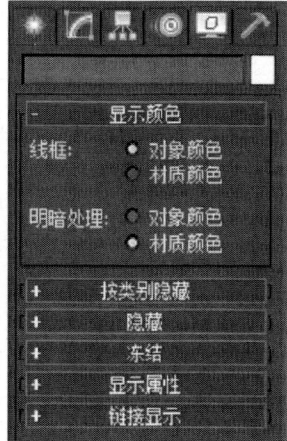

▲圖 3-50

▲圖 3-51

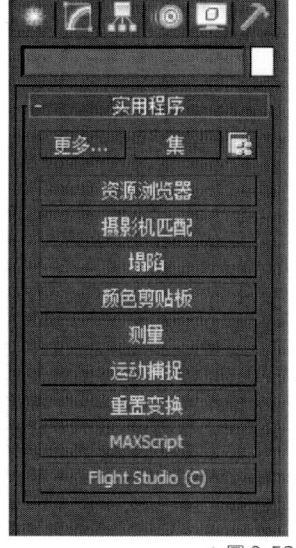

▲圖 3-52

工具列主要是用於管理和更改貼圖及材質的按鈕和其他控制項。

材質參數面板，主要是針對不同材質的詳細參數面板，包括了明暗器基本參數、材質基本參數、擴展參數、超級採樣、貼圖、動力學參數、Mental Ray 連接七個參數欄。

3ds Max 功能強大，它的功能包含了建模、貼圖、燈光、特效、動畫等諸多領域，是一款功能龐雜的三維軟體，每一個模組都需要長時間系統地學習才能夠掌握。在學習 3ds Max 過程中應針對不同的需要有重點地學習，以達到最佳學習效果。

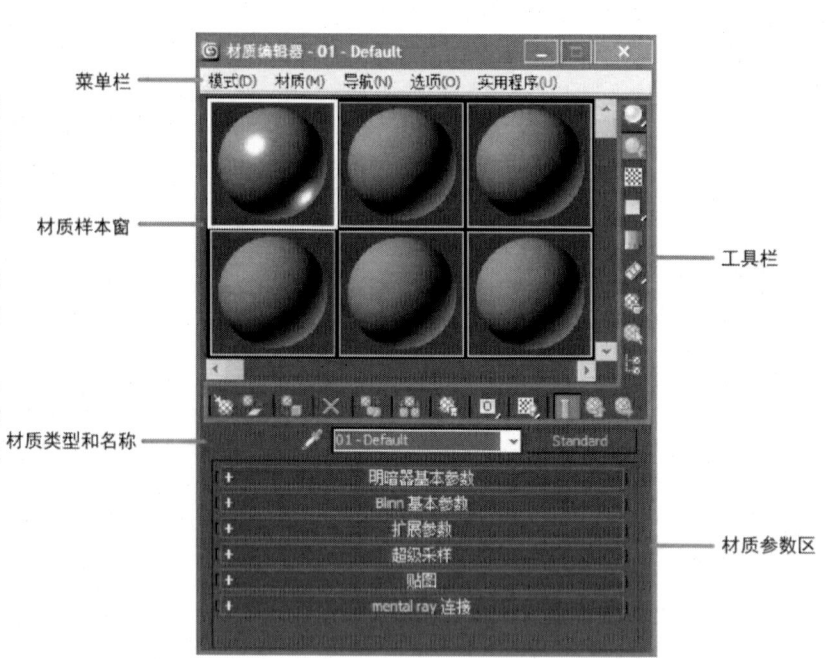

▲ 圖 3-53

三、單元導引

目標

教師透過本單元的教學，使學生瞭解具備相關美術基礎素養是進行遊戲美術製作的前提，認識相關繪圖軟體的基本功能及簡單操作，掌握與遊戲美術製作相關的美術基礎理論知識，為之後的遊戲美術創作打下堅實的基礎。

要求

任課教師在教學過程中，根據本單元的基本框架體系，講述在進行遊戲美術創作前所需掌握的美術基礎知識理論，並結合市面上優秀的遊戲美術成品，分析其中所涉及的美術基礎內容，加深學生對抽象美術理論知識的理解；使用多媒體設施簡單演示相關繪圖軟體的基礎功能，並引導學生有側重點地對軟體進行深入學習並運用。將課程內容寓於生動具體的講授之中，理論與實際案例緊密聯繫，可以使學生更直觀地瞭解和掌握本單元學習的課程內容。

重點

在本單元中，美術基礎的理論知識為重點教學內容。分別講解了美術基礎中的透視基礎、解剖基礎、色彩構成三個部分的理論知識。透過本單元的學習，學生能夠系統地、有側重點地掌握遊戲美術所需要的相關美術類基礎知識，為遊戲美術的製作打下堅實的基礎。

注意事項提示

在本單元的講述過程中，教師對美術基礎知識的講解，應特別注意運用理論聯繫實際等方法，透過簡潔生動的實例進行闡述，將枯燥的理論生動化，將深奧的理論淺顯化，使學生對透視學、人體結構中三大體塊的空間關係與變化規律以及色彩構成中關於色相、純度、明度關係的知識有所掌握。

小結要點

透過本單元的教學，學生對美術基礎中的透視學原理、色彩構成的知識以及解剖基礎是否有所掌握？能否運用相關軟體進行圖像的繪製？在繪製遊戲美術相關作業的過程中，是否能夠合理運用美術基礎知識？

為學生提供的思考題

1. 遊戲美術基礎理論在美術創作中的重要性有哪些？
2. 美術創作練習中需要注意哪些方面的造型要素？
3. 日常練習中，應該怎樣鍛煉自己的設計思維和創作能力？
4. 二維繪圖軟體和三維繪圖軟體分別有哪些異同點和功能價值？

學生課餘時間的練習題

1. 隨手速寫，繪製含多個建築不同角度的透視圖。
2. 觀察一處景物在一天中不同時段的色彩變化，依據色彩構成的原理，將景物的具體造型描繪成線稿，在其上進行配色練習。
3. 運用 Photoshop 軟體臨摹 1-2 張大師的美術作品。
4. 運用 3ds Max 軟體製作一個簡單的唐代宮殿模型。

作業命題

1. 使用 Photoshop 軟體，運用不同的透視原理知識，繪製一個包含了植物與房屋的場景，並根據色彩構成原理，對所畫的不同場景分別進行配色。
2. 使用 3ds Max 軟體，用簡單的幾何體復原本章圖例 3-3《最後的晚餐》所涉及的場景部分（角色不用復原）。

作業命題的緣由

在本單元的教學過程中，雖然學生對遊戲美術基礎的知識和相關軟件的運用有所瞭解，但還不夠深入，只是一個粗淺的認識。為了加強對本單元內容的學習，在美術基礎部分，應該著重瞭解透視基礎，以及簡單的透視案例分析，並能夠熟練運用透視學基本知識進行遊戲創作。此外，色彩構成是設計色彩的第一課，也是整個遊戲美術中關於色彩描述最為科學與系統的部分，對色彩構成原理的知識進行練習，可以掌握色彩構成這方面的知識運用。

在本單元中，引入兩個遊戲美術製作中最具代表性的製圖專業軟體，即平面繪圖軟體 Photoshop 及三維繪圖軟體 3ds Max。軟體的掌握是遊戲美術製作的硬體基礎，能夠熟練地掌握相關軟體是學好遊戲美術的前提。軟體的細節並不在本單元中著重講述，本單元只對其基本功能及操作進行簡要介紹，學生需透過課後進一步的練習並參考專業的軟體書籍，熟練遊戲行業相關軟體，提高自身創作能力。

命題作業的具體要求

同學們在完成練習時主要從以下三個方面進行：

1. 借鑒優秀的美術作品進行分析、思考和研究。分析作品的畫面風格和技巧，思考作者如何根據美術基礎概念來進行畫面創作，研究其創作思維。
2. 切勿粗略和籠統地進行創作，要研究其畫面的構圖方式、畫面組織手法、色彩構成原理的應用等。
3. 進行課外學習拓寬知識面，對相關的專業知識進行瞭解，開闊創作思維。

第 **4** 單元

遊戲美術製作規範

一、角色繪製

二、場景繪製

三、道具繪製

四、介面圖示繪製

五、三維模型製作

六、動作製作

七、特效製作

八、單元導引

> 重點：本單元按照遊戲美術流程的分工，透過具體案例製作過程的描述，完整展示了遊戲美術的不同部分從草圖到成品的繪製過程。
> 　　透過本單元的學習，學生可以切實地掌握遊戲美術所需要的美術類基本知識，並且能夠透過案例的講解逐漸認識到遊戲美術的行業規範。
> 　　難點：熟練地掌握軟體是學習本單元的前提。本單元並未在軟體的使用上有過多的操作性指引，更多內容為行業製作標準與規範的講解。
> 　　能夠運用前三個單元所涉及的知識在本單元熟練應用是本單元學習的核心內容。

一、角色繪製

(一) 實例:十二生肖(狗)角色繪製步驟

1. 瞭解繪製對象

展開遊戲角色的繪製工作,通常是從瞭解繪製物件在現實世界與遊戲策劃世界中的基本背景或基本屬性開始的。概念設定建立在現實基礎上,增加所設計角色的可信度,同時又與遊戲策劃緊密結合,準確表達遊戲世界觀中描述的角色形象,增強遊戲代入感。

本例為遊戲十二生肖——狗的概念設定。狗,又名犬,屬於哺乳動物。在現實世界中狗的身體結構屬肉食獸類,體型與大小根據品種類型各不相同。狗的身體結構決定了它能夠對目標展開迅速的追逐、捕捉與獵殺。狗四肢的腳趾上有鋒利的爪,奔跑時可迅速調整身體的角度並變換方向,搏鬥時亦可作為攻擊武器。在遊戲策劃中,角色設定上半身為人身狗頭,下半身為與狗的軀幹及四肢相連的變異獸人,它是狗系獸人族的領頭將軍,帶領族人為爭奪生存領地而衝鋒陷陣是它的職責。它身型魁梧,肌肉強壯結實,穿戴沉重繁複的戰甲,手持尖利戰斧,臉上帶著戰鬥時的傲慢與兇狠的神情。

2. 收集圖像資料

在繪製圖像前可收集大量相關的圖像資料,參考圖為設計師拓寬設計思路,並提供了直觀可靠的造型依據。在此角色概念設計圖中,收集資料的主要方向是關於狗的形態結構、穿戴配飾、身體肌理,以及盔甲等。(圖 4-1)

3. 圖像大小的確定

根據實際使用情況確定圖像解析度和尺寸。若圖像尺寸設置不符合策劃要求,將導致遊戲畫面無法與程序完成對接,使整個繪圖工作成為無用功。按照策劃要求將圖像大小設置成解析度為 300、尺寸為 8000 圖元×7000 圖元。(圖 4-2)

4. 繪製大量的初步設計草圖

每個遊戲對角色繪製的角度要求不同,必須按照策劃要求以適當的角度繪製物件,有平視的正面、正側面、45°側面三種繪製角度。圖 4-3 角色設定為 45°側面,視平線位於背部。

進入初步的整體造型設計階段,結合所收集到的圖片素材,截取其中不同形象的特徵形態,組合出多種新

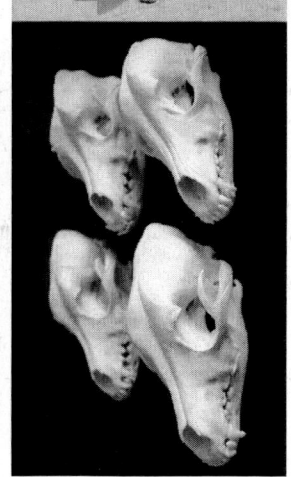

▲ 圖 4-1

▲ 圖 4-2

造型（圖4-3），以此作為參考繪製大量的設計草圖。草圖是以黑色剪影的表現方式描繪角色的外輪廓及其各個部位的具體形狀，並且確定角色的站立姿勢。在進行繪製時，以角色形象本身所具備的基本特徵為造型基礎進行再創造，角色基本特徵包括：兇狠的面部表情，強壯的身材，身披金屬鎧甲，手持適合近身肉搏的重型冷兵器。

5. 繪製放大草圖，清晰表現整體與局部造型

截取最終確定的黑影輪廓草圖，並直接將其放大作為範本，進行深入分析繪制。（圖4-4）

調整其形體結構，及其身體各部位的銜接關係（圖4-5）。狗的身體可分為頭、頸、軀幹、四肢、尾五個部分。在塑造各體塊之間的關係階段時，可將各個部位概括成幾何體，頭部整體為圓球狀，手臂為圓柱體，腿部前肢為圓柱體，以方便反復檢查各形體間的銜接位置。

整體把握角色的透視關係。可畫出角色立足的有方格透視線的地平面，以此來時刻檢查角色的透視關係；或利用三維軟體，將人物身體各部位概括成簡單的體塊，組合出角色的基本形態，擺放成畫面需要的角度，再依照三維透視圖準確地繪制出二維圖像。

在有大致外輪廓的基礎上，按照角色的基本性格特點及外貌特徵設計裝備的具體造型及細節，並使裝備與身體的結構及透視效果相一致。圖4-6中角色肚子前佩戴了圓形護盾，金屬打造的盾身配以尖齒獸類的骷髏頭作為裝飾，與人物殘忍火爆的性格氣質十分貼合。

6. 勾勒精細的線稿

調整好角色體塊關係後，在草圖圖層上新建圖層，降低原草圖圖層的透明度，用單線勾勒的方法，將草圖上角色的具體形態描繪在新圖層上。（圖4-7）

在動筆前，應對畫面的最終效果有預期的判斷。在刻畫時能從整體出發，準確把握大方向，使最終畫面呈現出既整體又不失細節的效果。（圖4-8）

在進行勾線時，遵循從整體到局部逐

▲ 圖4-3

▲ 圖4-4

▲ 圖4-5

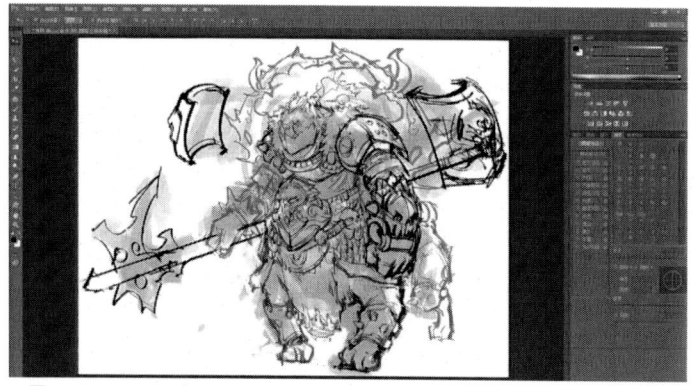

▲ 圖4-6

步進行刻畫的原則。其中，要求線條流暢，平滑沒有抖動，線條與線條的連接處沒有線頭或缺口；整體結構線粗細分佈具有一定的規律性，即外輪廓線比內輪廓線粗、近處的線條比遠處的線條粗；每條線都能精確描繪出形體結構及穿插關係。

以刻畫人物手臂上的護甲為例，首先用較粗的線條勾勒出完整的外輪廓線，使護甲的外輪廓具體清晰，然後用較細的線條勾勒形體內部的造型，按照不同的組成元素從上到下，用線條勾勒外輪廓的方法區分出水晶石、骷髏頭、護手鋼柱這三個部分，並把握局部與整體、局部與局部之間的穿插關係，如水晶石與護甲焊接成一個整體，骷髏頭鑲嵌在護甲中並微微突起等。最後用更細的線條表現每個物體的凹凸起伏、厚度轉折等細節變化。（圖4-9）

7. 鋪設背景的基礎色與角色的固有色用數值 80-150 的中性灰色作為背景，並將人物各部位的固有色平鋪於線稿下，作為塑造角色黑白稿的基礎色。（圖4-10）

▲ 圖 4-7

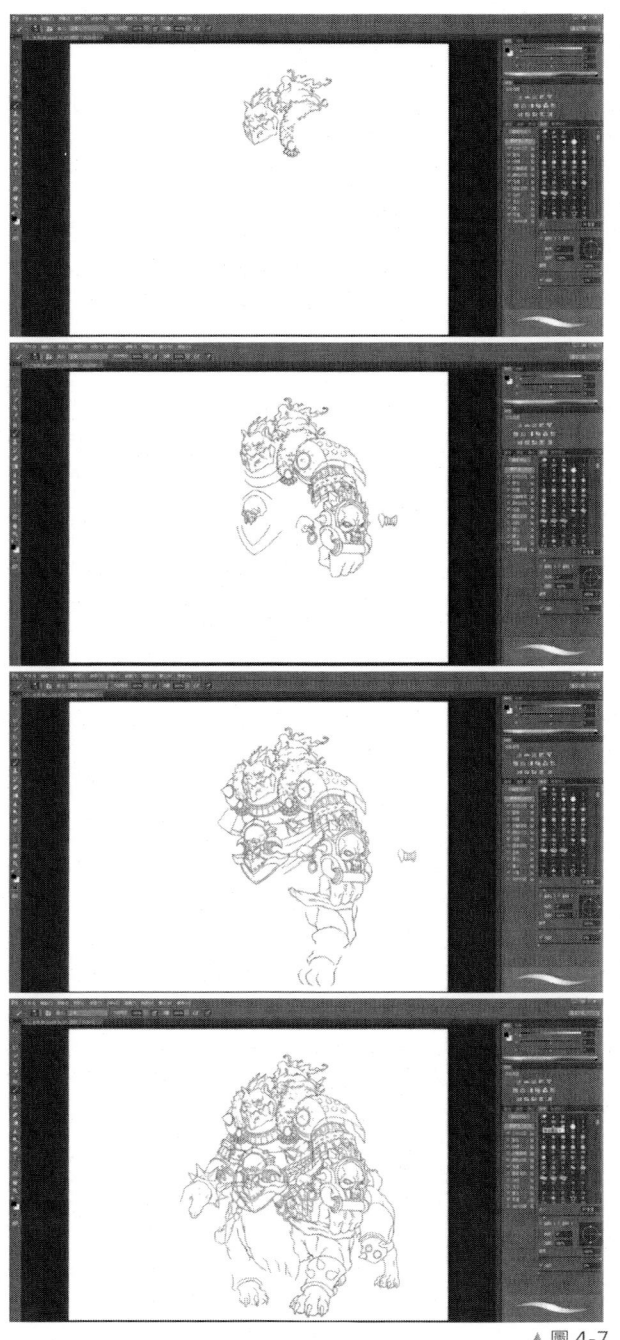

▲ 圖 4-8

▲ 圖 4-9

▲ 圖 4-10

▲ 圖 4-11

▲ 圖 4-12

▲ 圖 4-13

▲ 圖 4-14

8. 整體處理畫面的明暗關係

確定光源位置後,用大筆刷區分亮部、暗部,拉開對比關係。明確角色的陰影形狀,使物件能夠立足於畫面地平線上,具有基本的體積感。(圖 4-11)中,光源位於角色的右上方,故陰影投射在左下方,頭部、胸部與前左肢為亮面,尾部、軀幹與其他三條肢幹都處於暗面。

9. 塑造各個部位的轉折關係

在符合素描規律的基礎上,進一步明確角色的素描關係,使暗面與亮面對比更鮮明(圖 4-12)。粗略地塑造出角色各起伏部位的"五大明暗層次",即指亮面、中間色、明暗交界線、暗面、反光;高光屬於亮面內。

10. 深入刻畫各部位間的明暗關係

在符合明暗大色調變化的基礎上,進一步描繪物件細節的明暗關係,同時塑造出背景與角色的空間關係。圖 4-13 可針對兩個方面進行調整:整體 拉開形體的明暗對比,增強立體感;加強前景物的 細節及明暗塑造,使畫面視覺聚焦點突出,更具衝擊力。

11. 調整整體與局部的關係

進一步調整畫面,將過於搶眼的、複雜的局部細節簡化,局部服從於整體,使畫面具有較強的整體統一性。

12. 最終完善

進行細部的修改,整理成為圖 4-14 的成品效果圖。

(二)實例:十二生肖(豬)角色繪製步驟

1. 瞭解繪製對象

本例為遊戲十二生肖——豬的概念設定。豬,古稱豕,又稱彘、豨,別稱剛鬣。又名"印忠""湯盎""黑面郎"及"黑爺",雜食類哺乳動物。身體肥壯,四肢短小,鼻子口吻較長,體肥肢短,性溫馴,適應力強,繁殖快,有黑、白、醬紅或黑白花等色。在遊戲策劃中,角色設定為人身豬頭。它身型肥胖,穿戴沉重盔甲,面部兇狠。

2. 收集圖像資料

在繪製圖像前可收集大量的圖像資料,供設計師擴寬設計思路,並提供直觀可靠的造型依據。在繪製此角色著色圖中,收集資料的主要方向是色彩搭配和諧的物體,以及質感強烈的物件,涉及的部位包括豬皮膚、毛髮、布匹、金屬等。(圖 4-15)

3. 圖像大小的確定

設定此圖像的尺寸大小為:4000 圖元×3000 圖,解析度為 300。

當的點綴色。圖 4-17 人物色彩以暖紅色調為主，背景光效為冷藍色調。

5. 調節畫面整體色調變化

對畫面色調的調整，應遵循從整體到局部的繪製方法。

用大色塊鋪設的方法區分人物整體的受光面與背光面，在圖 4-18 中，白色的光線從左上方照射到人物身上，受光最強的部位為頭胸部，其次為腹部和手臂，受光最弱的為人物各部位右側面及面朝地面的小腿，人物的色彩從受光面到背光面明度逐漸降低，純度逐漸升高，色調由暖色逐漸過渡到冷色。

色彩的變化同時也受到透視關係的影響，此圖運用了空氣透視的色彩變化原理，使遠景比近景的物體色彩純度低、明度高、色相偏冷。

以素描關係為基礎，用色彩的變化塑造物體具體轉折關係。

▲ 圖 4-15

4. 繪製基本草圖，完善線稿後行鋪色將人物的草圖繪製完成後（圖 4-16），鋪設人物的固有色時，要求整體主色調明確，冷暖傾向清晰，各部位的色彩與主色調搭配和諧，有適

▲ 圖 4-16

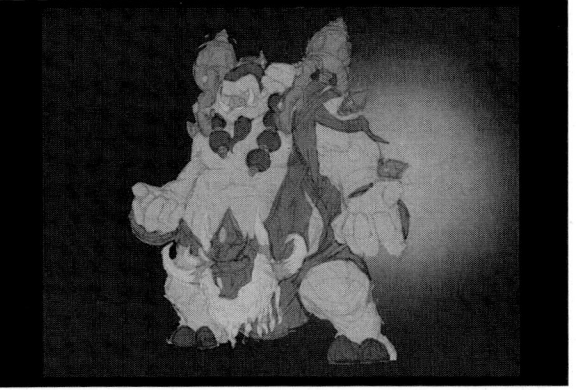

▲ 圖 4-17

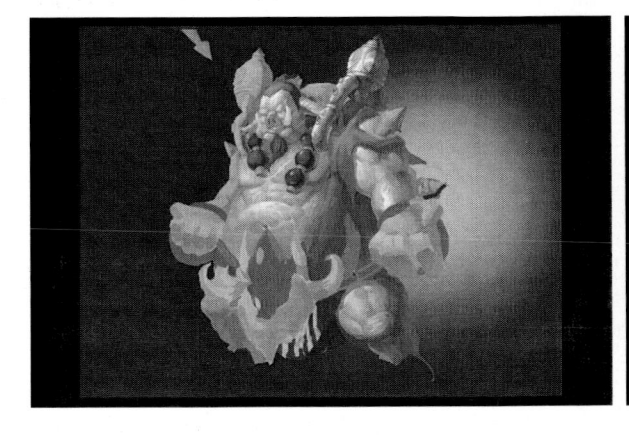

▲ 圖 4-18

▲ 圖 4-19　　　　　　　　　　　　　　　　　▲ 圖 4-20

6. 深入刻畫

對人物局部進行刻畫，要求符合整體明暗變化，區分不同物體質感的表現。（圖 4-19）

7. 整體調整，最終完善　總體調整局部與整體的形體比例關係、透視關係以及色彩關係。如圖 4-20 利用透視輔助線，調整角色臉部、胸部以及兩腿的透視關係，使各部位的透視消失點集中於一處；統一兩肩上錘形物的指向；旋轉左手的捉握方向，使其著力點更合理，增強氣勢感；調整背景與前景關係，背景光效落在人物正後方，在更加突出人物的張力同時增強了畫面氣氛；大膽鋪設光效在人物身上投射的反光色，明確區分受光面與背光面的冷暖關係；提亮各部位受光面的色彩明度及純度，突出畫面明暗對比。

調整大關係後，人物從形體比例、透視和色彩關係的表現上更加准確。按照以上所述的繪製流程，重新對人物進行再次塑造，以達到最終的完成效果。

二、場景繪製

實例：機械類場景繪製步驟

1. 瞭解繪製物件，收集圖像資料

根據遊戲策劃，設定一座建在金字塔區域內的秘密火箭發射基地。金字塔下潛藏著一座規模宏大的科技研究中心，為了避免敵方偷襲而隱藏所處的位置，他們對金字塔的結構進行改造，待命時偽裝成金字塔正常狀態，啟動裝置時，火箭發射器從金字塔頂端伸出，並將塔頂覆蓋，以金字塔作為固定的底座，順利完成發射火箭的使命。

根據需求，可收集關於機械類場景的基本結構、材質肌理等相關的圖片以作為參考（圖 4-21）；圖像資料 可收集關於金字塔、火箭發射器、星 球空間站等現實世界中的素材；還可 參考變形金剛等集裝飾與實用於一體 的機械裝置。

2. 圖像大小的確定

根據策劃要求，圖片解析度設定為 300，尺寸設定為 3000 圖元×4200 圖元。

3. 繪製大量的初步設計草圖　每個遊戲對場景的繪製角度要求不同，必須按照策劃要求並以適當的角度繪製物件，一般有平視、俯視、仰視三種繪製角度。本圖角色設定為俯視。

初步的大形設計階段，結合所收集到的圖片素材，進行頭腦風暴，如截取不同實物的特徵組合出新的造型，並大量繪製草圖，包括局部細節的草圖繪製。

開始繪製前，在畫面上鋪設方格透視地平面，以能夠在繪製過程中時刻把握建築物的透視關係。

圖 4-22 主要是設計美觀且整體的建築外輪廓。最終確定的草圖中，

第四單元 遊戲美術製作規範 | 65

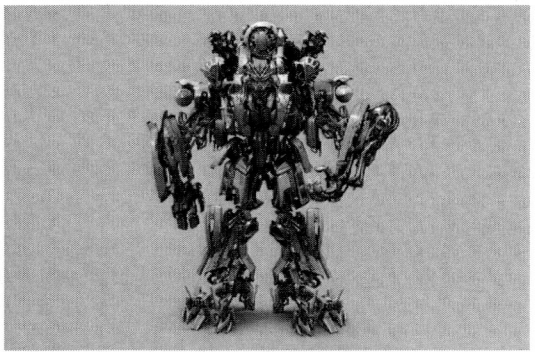

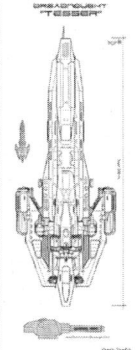

▲ 圖 4-21

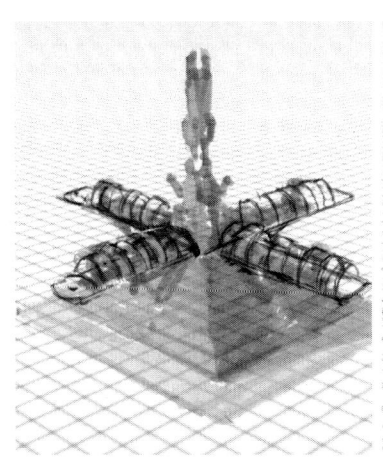

▲ 圖 4-22

發射塔上機械部分的形狀呈具有穩定性的三角形，與金字塔的三角結構相互結合，組合成整體為三角形結構的建築。在外輪廓的形狀上疏密變化得當，避免了產生過多的細小分支而破壞造型的整體感。

4. 繪製放大草圖，清晰表現整體與局部造型

確定基礎外輪廓造型後，放大草稿，進行深入分析繪製。設計金屬機械與石頭堆砌而成的金字塔的具體結構造型。這一步主要是把握整體透視關係，注意疏密、主次及各個部件間的銜接與嵌套關係。

在繪製過程中可根據每個不同部位參考具體資料，對各個部件進行細化，並推敲細部結構。不斷放大縮小檢查其主次與透視關係的不足並進行修改。在塑造具體形狀的同時需明確表現造型的線條，避免出現太多雜亂無章、不明確造型的線條，否則將會對接下來的勾線工作造成困擾，降低繪圖效率。

圖 4-23 場景中的機械部分是金屬物體的組合，具備堅硬、牢固、銜接合理的視覺效果。金字塔身採用階梯狀結構，其形狀規則，遞進關係清晰。在兩者的塑造中，強調機械的結構疏密變化豐富，而金字塔的變化較均勻，從造型上拉開兩者的對比關係，使機械成為畫面的視覺聚焦點，以突出主題。

5. 勾勒精細線稿

在完善後的草圖圖層上新建圖層，降低草圖圖層的透明度，用單線勾勒的方法，把草圖上角色的具體形態清晰地描繪在新圖層上。這一步要求幾乎接近最終完成的效果，對畫面中的透視關係、形體結構、穿插關係再進行細微的調整，明確形體上的細微結構。

圖 4-24 中，將整體用不同顏色的結構線按照建築不同的功能區域劃分成若干個獨立形體。並繪製出每個形體在畫面中具體的空間結構、透視效果，

調整。明確關係後，遵循從整體到局部的原則，逐個進行精細勾線。

在勾線時，根據外形狀與內結構的對比關係，用粗細不同的線條，結合場景各大部件的體塊關係、穿插關係與遠近關係，精確繪製細微起伏的紋理形狀（圖 4-25）。由於此場景由堅硬的金屬與石塊組成，外輪廓線條皆以直線為主。

6. 鋪設背景的基礎色與角色的固有色

用數值在 50-80 的中性灰色，平鋪於線稿下，作為塑造黑白稿階段的基礎色。鋪設各形體的固有色，機械的整

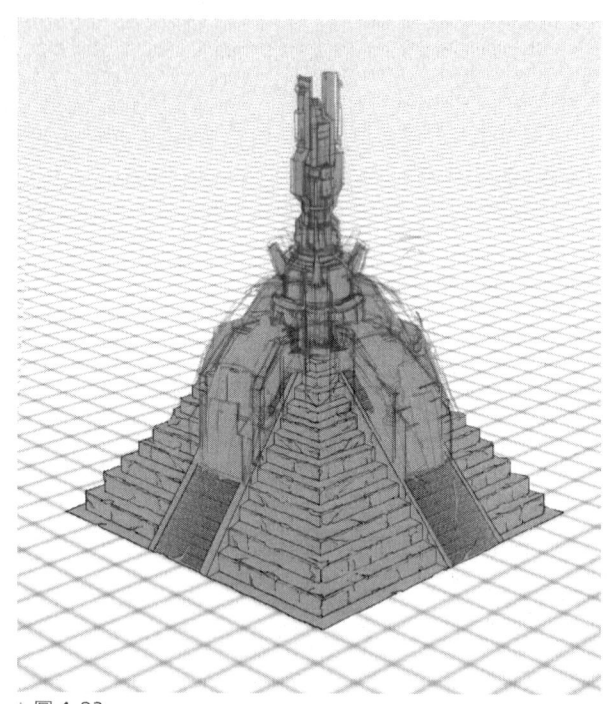

▲ 圖 4-23

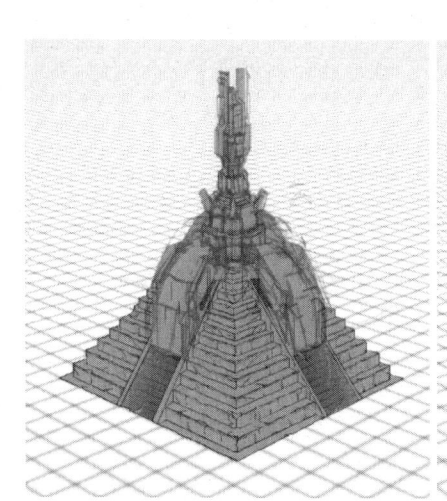

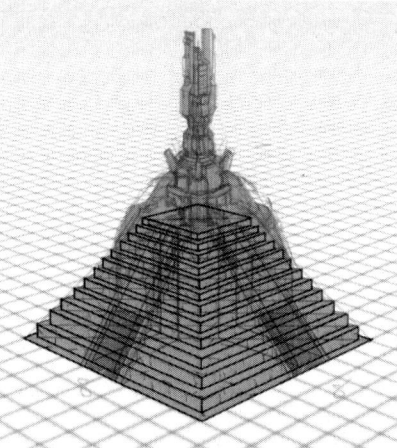

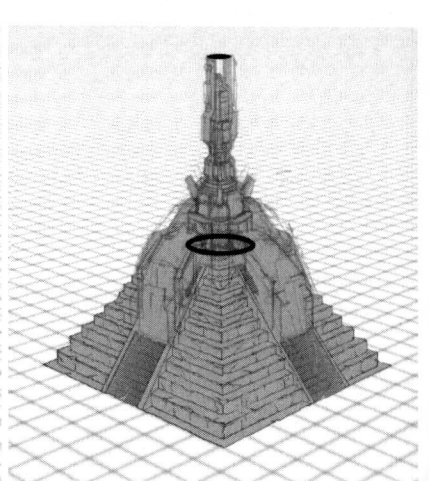

▲ 圖 4-24

第四單元 遊戲美術製作規範　67

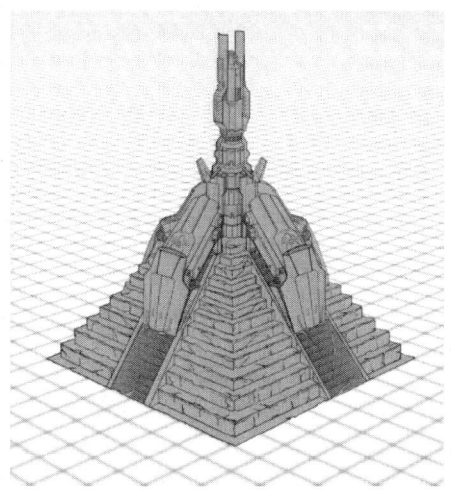

▲ 圖 4-25

▲ 圖 4-26

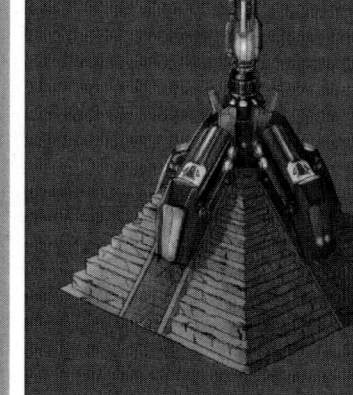

▲ 圖 4-27

▲ 圖 4-28

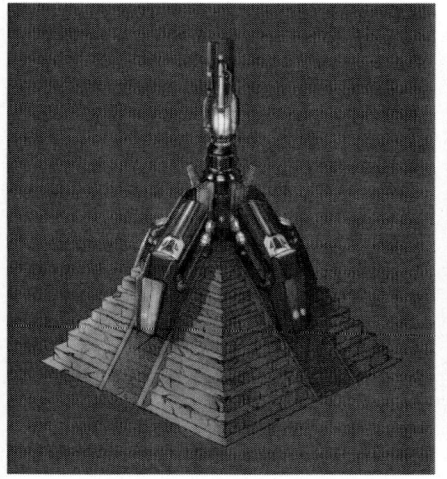

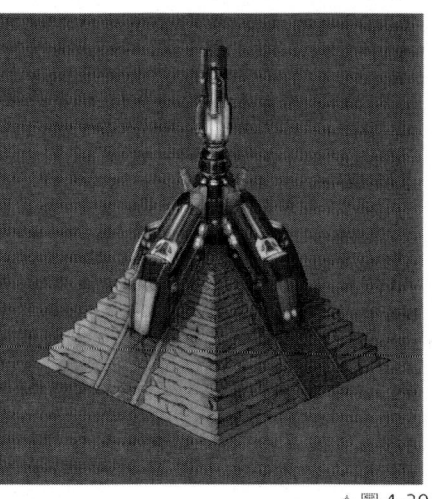

▲ 圖 4-29

▲ 圖 4-30

體色為深灰色,金字塔使用淺灰色。(圖 4-26)

7. 整體處理畫面的明暗關系,並塑造形體轉折關係

明確光源位置,從畫面左側照射在建築物上,整體區分亮部、暗部並確定各部位物體的陰影形狀。(圖 4-27)

在整體明暗大關係的基礎上,依據五大明暗層次,塑造出每個物體不同的質感。金屬的質地光滑,高光與反光強烈;而石塊表面粗糙,高光與反光並不突出;機械發射器上的發光體在畫面中明度最高。(圖 4-28)

8. 鋪設色彩

用顏色疊加的方式,為畫面鋪設色彩。圖 4-29 中受光面採用橙黃色,而背光面採用紫色,明確區分亮暗面的冷暖。
機械的整體固有色採用深藍色,發光的部位採用高明度的淺藍色,使色彩在色相上和諧統一,並有點綴色增加畫面色彩的豐富度。

9. 整體調整,最終完善

進一步調整畫面色彩大關係,並深入刻畫畫面的細節部分。遵循局部服從整體的原則,弱化處在畫面暗部過於強烈的金屬質感與光線明度,使整體色調具有較強的統一感。對畫面細部色彩關係、明暗關系進行完善,呈現出最終成品效果。(圖 4-30)

三、道具繪製

實例：遊戲道具繪製步驟

1.明晰策劃要求，瞭解遊戲世界觀，以及整體場景風格此遊戲以中世紀為背景，整體以魔幻 Q 版造型為主導風格。

2.瞭解繪製物件，收集圖像資料此為 Q 版場景道具，根據需求，收集相關場景道具繪製資料。（圖4-31）

▲圖 4-31

▲圖 4-32

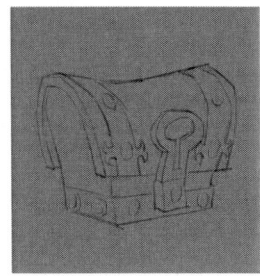

▲圖 4-33 　　　▲圖 4-34 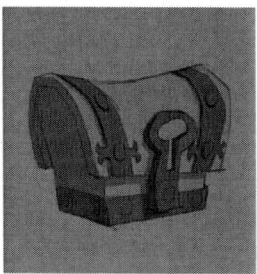　　　▲圖 4-35

3. 根據相關場景資料進行風格分析，繪製基本草圖

每個遊戲場景風格不同，需根據場景風格繪製物件。

進行初步草圖設計，結合所需風格與所收集圖片素材，進行頭腦風暴，並繪製大量草圖。初步方案不需太精緻，主要進行 Q 版道具造型、擺放角度以及透視的探索，並選擇其中滿意的方案深入刻畫。（圖 4-32）

4. 繪製放大草圖

放大草圖，進行深入分析繪製，包括透視和各部位之間的嵌套關係。（圖 4-33）

5. 鋪設道具固有色，確定明暗關係

以場景主色調為參考，確定木箱的色調並鋪設固有色。此場景為紅黃為主的暖色調。此為一個木制寶箱，其上有重金屬製作的鎖和箱體固定帶，則可選用淺棕色與紫灰色作為箱子上兩個不同質感的材料固有色，並用平塗的方式，區分開兩者的顏色關係。圖 4-34 固有色鋪設好後，開始塑造寶箱的明暗關係，暗部選用偏冷的紫紅色，突出亮部的暖色調，清晰地表達了箱體明暗面的轉折關係。（圖 4-35）

6. 深入刻畫

深入刻畫寶箱主體部分，突出道具亮點。此道具亮點為鑲嵌的鐵皮，為體現鐵皮的年代久遠，在繪製過程中，強調鐵皮的金屬質感，以增加鐵皮創傷後的斑駁紋理（圖 4-36），在色彩上使用藍色反光與暖黃色主光源，以與整體大關係產生關聯，達到

第四單元 遊戲美術製作規範

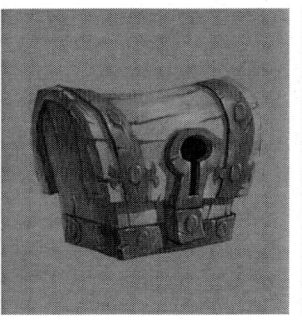

▲ 圖 4-36　　　　　　　　　　　　　　▲ 圖 4-37

烘托氣氛的目的。道具亮點與細節的繪製，突出了道具在場景中的可視度及精美度。

7. 整體調整，最終完善 對寶箱進行整體調整，調節畫面大色調，拉大色彩對比度，區分木頭與鐵的主次關係，如適當對鐵條進行銳化，突出鐵皮的厚重感以及硬度。注意避免重金屬質感的表現過於突出，把控整體畫面色調的統一性。（圖 4-37）

四、介面圖示繪製

（一）實例：介面圖示繪製步驟

UI 在設計流程上分為：結構設計、交互設計以及視覺設計三個部分。結構設計也稱為概念設計，根據策劃要求，結合市場分析進行設計，是介面設計的骨架；交互設計透過交互設計師創建完整的交互流程以及通過分析使用者使用情況與需求，設計完整合理的對話模式與操作流程；視覺設計以創建可識別的介面圖像資源，透過藝術性的設計，使用合理的圖形表現方式傳達遊戲的資訊與功能。

優秀的遊戲介面設計應遵循如下原則：一是以資訊傳達為核心，從版式的佈局、視覺的流程以及資訊功能的排放等方面，考慮介面的整體設計；二是依據遊戲畫面的整體風格，繪製系統化的介面圖形；三是完善視覺的清晰度，注意解析度的正確使用，使遊戲介面適配多種設備；四是在使介面符合審美需求的同時，注重資源的整合以及節約。

圖 4-38 是以一款手遊 Q 版卡牌遊戲中的角色屬性視窗與競技場視窗作為例子，具體分析調整陣容視窗的製作步驟：

1. 與策劃以及程式溝通，確定產品的適配型號以及解析度 不同的手機類型硬體支援不盡相同，手機的每一款遊戲具有較強的針

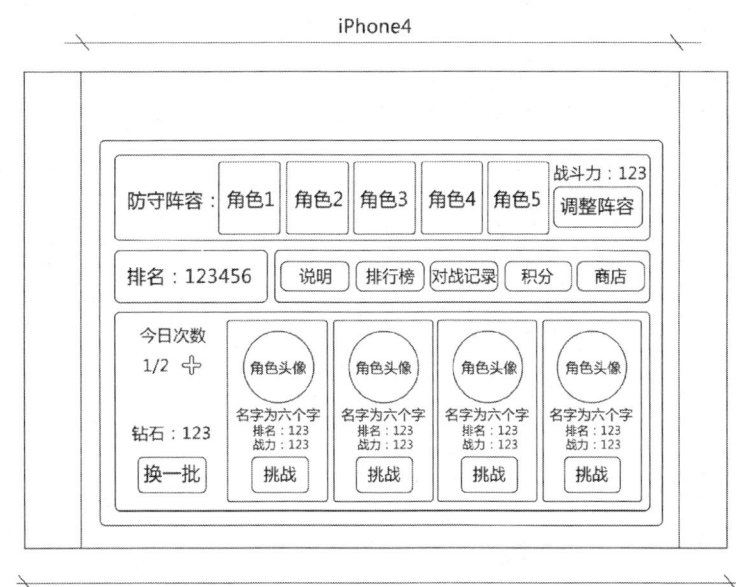

▲ 圖 4-38

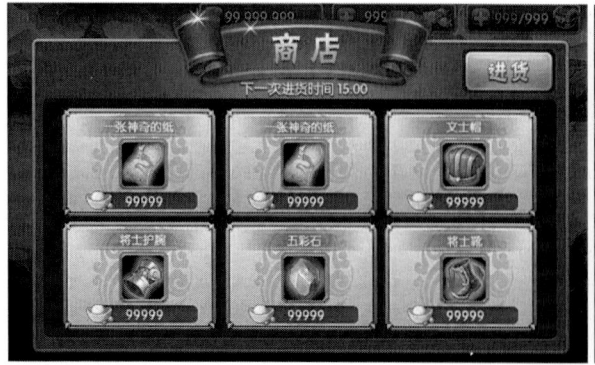

▲ 圖 4-39

對性，如蘋果 6 代手機主屏的解析度可以達到 1334 圖元×750 圖元，而一般的手機是無法支持的。

2. 在瞭解遊戲世界觀以及遊戲美術風格需求後，開始準備視窗的製作。

此遊戲以三國的歷史背景為遊戲世界觀，美術風格為 Q 版，根據交互設計稿，以使用者視覺體驗為前提，進行"調整陣容"視窗的製作。

3. 明確所有控制項通用規範，確立視窗標準瞭解策劃中對"調整陣容"窗口的設計需求，參考前期完成的"商店"以及"人物屬性"視窗的平面構 成方式以及色彩搭配方式，進行"調 整陣容"視窗的設計（圖 4-39）。"調整陣容"視窗功能區分為三個 部分：第一部分為"防守陣容"功能 區，位於整個視窗的上部，由五個角 色與一個按鈕構成，主要作用是進行 角色陣容的調整；第二部分為"視窗 切換"功能區，位於整個視窗的中

部，由"排名"與不同功能的按鈕構成，主要作用是玩家排名的顯示以及實現不同功能視窗的切換；第三部分為"挑戰物件選擇"功能區，位於整個視窗的底部，左側為資料統計與功能按鈕，右側為四組玩家資訊，主要作用是今日挑戰次數的顯示以及對四組挑戰玩家的更換。

設計前期，應使整個"調整陣容"視窗背景與功能區背景相統一，明確視窗中的顏色、紋樣、以及按鈕的使用規範，確立視窗以及文字的樣式標準，使視窗與該遊戲中其他功能視窗風格相一致。

4. 設計操作介面視窗

製作"調整陣容"視窗（圖 4-40），對窗口背景進行格局劃分，並確定格局色塊在整個視窗中所占的比例。（圖 4-41）

根據交互需求，視窗背景分為三個部分，並依次進行設計。

第一部分為位於視窗上部的"防守陣容"功能區。在此功能區中，其

背景採用圓角矩形的設計形式，在內部加深陰影使其鑲嵌在視窗背景中。在此功能區的設計過程中，以突出人物的擺放為目的，色彩上運用明度較低、純度較高的黃棕色，與窗口的色彩屬於同類色，使其功能區背景與整個視窗背景色調統一並有所區分。

第二部分為位於視窗中部的"窗口切換"功能區。此功能區分為兩部分，左部為排名顯示，右部為不同功能區按鈕。在此功能區背景上，為了打破垂直劃分的呆板，在排名功能區和不同按鈕功能區之間運用了折線的設計形式作為格局區分；在色彩上運用鄰近色作為顏色區分，使按鈕功能區顏色與視窗相統一。

第三部分為"挑戰物件選擇"功能區，在"調整陣容"介面中處於主導部分。此功能區分為兩部分，左部為資料統計以及功能按鈕，右部為角色資訊。挑戰功能區所包含的信息量較大，設計挑戰功能區背景時，運用較高明度與較低純度的棕色，以突出

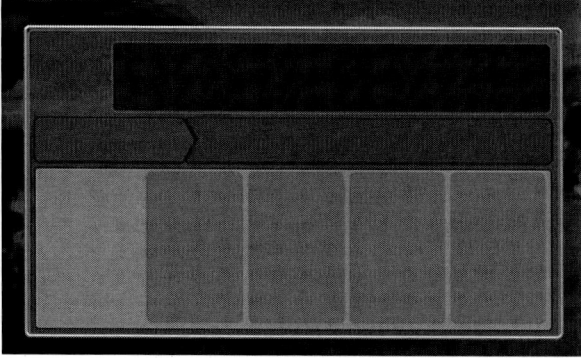

▲ 圖 4-40

▲ 圖 4-41

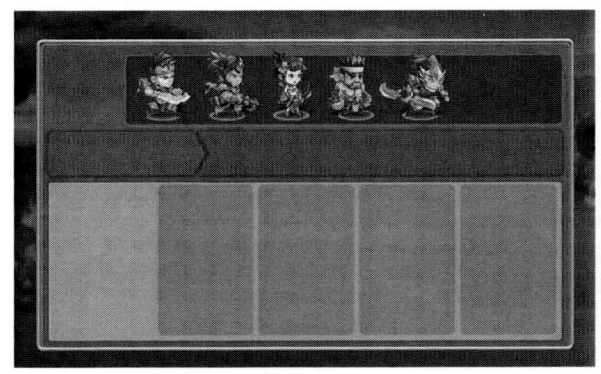

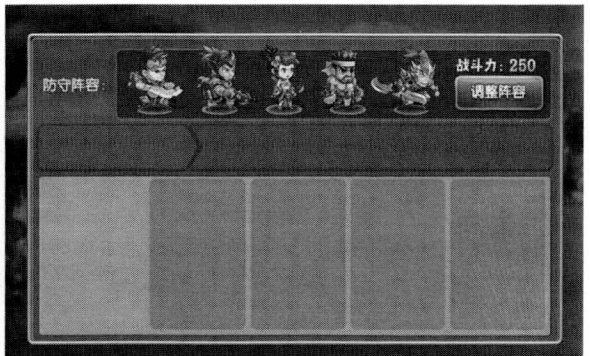

▲ 圖 4-

▲ 圖 4-43

▲ 圖 4-44

▲ 圖 4-45

人物角色資訊表現。

　　5. 根據交互稿，完善"防守陣容"功能區 在此步驟設計的過程中，人物的擺放應以玩家視覺體驗為中心，可隨時透過手機審查介面整體情況，並對人物擺放之間的距離以及大小進行相應調整。（圖 4-42）

　　6. 進行"視窗切換"功能區的設計

　　"視窗切換"功能區中在視覺上突出"我的排名"。其字體型號較大，並在色彩上運用橙黃色漸變的美術字體，使玩家能夠直觀清晰地瞭解排名資訊。不同功能按鈕與"調整陣容"按鈕樣式相一致，與窗口整體樣式相得益彰。（圖 4-43）

　　7. 進行"挑戰物件選擇"功能區的設計

　　此功能區為"調整陣容"視窗的主體，其資訊量較大，在設計上應注意資訊展示的完整性和玩家的交互體驗。在此功能區的左部，"換一批"按鈕採用紅棕色底白色字體的色彩搭配，區別於陣容視窗按鈕的色彩，突出此按鈕在"挑戰物件選擇"功能區的重要作用。在此功能區的右部，角色頭像框採用立體設計，對玩家發揮了視覺引導作用；在玩家"排名"與"戰力"的字體設計上，運用美術字，採用高純度高明度的色彩，強調角色的相關資訊。（圖 4-44）

　　8. 針對不合理部分整體進行調整，最終完稿

　　經審查後，調整不合理部分，如"調整陣容"視窗整體色彩飽和度較低；"挑戰物件選擇"功能區的"挑戰"按鈕缺少點擊感。針對以上情況，調高視窗飽和度與對比度；在"挑戰物件選擇"功能區上，添加"挑戰"按鈕圖形，使按鈕設計與"調整陣容"按鈕相一致，以增強可點擊感。（圖 4-45）

(二)實例：遊戲圖示繪製步驟

　　圖示在設計流程上分為：需求與定位、清晰思路、設計創意方案。在遊戲中由物品圖示、技能圖示、功能圖示

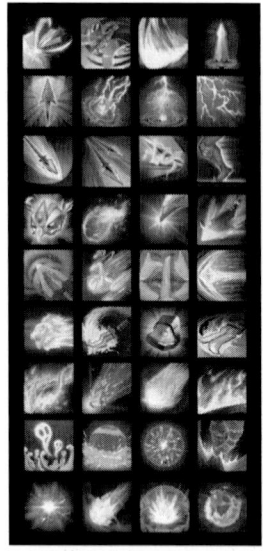

▲圖 4-46

▲圖 4-47

▲圖 4-48

▲圖 4-49

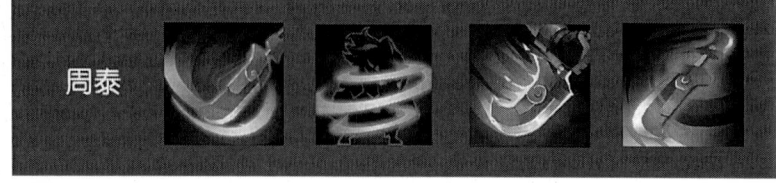

▲圖 4-50

▲圖 4-51

的繪製以突出英雄的技能為主，此圖標造型為人物剪影，在繪製剪影的過程中，注意整體概括，避免出現人物形態繪製過於細碎。（圖 4-48）

4. 鋪設基礎色

根據技能圖示所對應英雄的特效色彩，鋪設圖示的基礎色。此套技能圖示以紅色調為主。在繪製人物剪影時，人物剪影以黑色為主，散發紅色光效，以突出特效為目的。光效繪制以刀光為設計基礎，人物剪影為軸心，進行旋轉式設計，使圖示整體具有動感及張力。（圖 4-49）

5. 深入刻畫

此步驟的繪製，黑色剪影過於單薄，運用明度較低的紅色對人物進行明暗面的簡單塑造，塑造過程中需要把握整體畫面感，人物整體明度較低，技能整體明度較高，確保圖示的識別度以及精美度，保證其功能性。（圖 4-50）

6. 其餘技能圖示的繪製步驟與以上步驟相同

一套系統化技能圖示包含著多個圖示。在其餘圖示的繪製中，注意技能圖示構圖、色彩以及技能走向的統一。

此套圖示以紅白黑三色為主體色，構圖基本運用對角 45°透視，在光效的繪製上，以扁平化繪製手法概括光效，著重體現光效的速度感。（圖 4-51）

以及各類頭像四部分組成。需求與定位，即瞭解遊戲策劃需求，並結合同類遊戲分析進行設計。清晰思路，建立素材庫，從質感、造型以及顏色等方面考慮。設計創意方案，運用同個圖示多種設計方案，為遊戲策劃提供選擇空間。

優秀的遊戲圖示設計應遵循如下原則：一是以高度濃縮和快速傳達為核心；二是圖示設計朝向、形態、構圖達成統一；三是注重識別度和精美度。

下面以一款 Q 版手遊卡牌遊戲中的技能圖示為例，具體分析製作步驟：

1. 與策劃以及程式溝通，確定產品需求以及定位。

2. 所設計圖示為技能圖示，在區分職業特徵的基礎上，開始繪製。

3. 參考前期繪製的技能圖示，根據策劃要求繪製圖示草圖。（圖 4-46）

技能圖示的表現形式有以下幾種，如圖 4-47。針對需求，此技能圖示選擇運用剪影以及中心擴散的表現形式進行繪製。

圖示整體風格為 Q 版。技能圖

五、三維模型製作

實例：三維人物製作步驟

1. 運用 ZBrush 三維軟體進製作

完成二維的概念設定後，運用 ZBrush 三維軟體根據二維概念設定製作三維模型。

ZBrush 是一個數位雕刻和繪畫軟體，具有強大的功能和直觀的工作流程。以實用的思路開發出的功能組合，在激發藝術家創作力的同時，操作會感到非常的順暢。它將三維動畫中最複雜、最耗費精力的角色建模和貼圖工作，變成了有趣的雕刻。拓撲結構、網格分佈一類的繁瑣問題都交由 ZBrush 在後臺自動完成。

在建模方面，ZBrush 可以說是一個極其高效的建模器。它進行了相當大的優化編碼改革，並與一套獨特的建模流程相結合，可以讓你製作出令人驚訝的複雜模型。無論是中級分辨率的模型還是高解析度的模型，你的任何雕刻動作都可以瞬間得到回應。還可以即時進行不斷的渲染和著色。其不但可以輕鬆塑造出各種數位生物的造型和肌理，還可以把這些複雜的細節匯出成法線貼圖和展好 UV 的低解析度模型。這些法線貼圖和低模可以被所有的大型三維軟體如 Maya、Max、Softimage|Xsi、Lightwave 等識別和應用。下面以三維模型十二生肖——雞為例，進行模型製作。

2. 運用整體到局部的雕塑手法

（1）創建模型

此角色模型是根據十二生肖中的雞為原型，設計的雞頭人形怪獸。導入一個人體的基本結構模型（圖 4-52），使用 "Standard（標準）" 和 "Move（移動）" 筆刷，根據角色在概念設定圖中的基本特徵，"雕刻" 出角色模型的頭部及身體的基本造型。這一步的塑造重點是將人體結構與雞的身體結構合理地拼接在一起。如在此模型中，將人的頸脖肌肉進行橫向拉伸擴大，以支撐完全前伸的雞頭，體現出雞頭與頸脖的銜接關係。

雕刻的同時，需注意把握模型頭部、胸部和盆骨三大體塊之間彼此處於平行和對稱的關係。（圖 4-53）

（2）整體調節，局部雕刻

在搭建完模型的基本造型後，進一步調整模型的體塊關係，如角色人體比例以及頭部、胸部和盆骨三大體塊間的空間位置。（圖 4-54）

大形調整完畢，開始針對角色局部進行雕刻。以塑造角色頭部造型為例，其頭部的基本結構為雞頭，雞頭由雞冠、眼、喙、肉垂和耳組成，而公雞的雞冠與肉垂較為碩大。在圖 4-54 中，使用 "Standard（標準）" 筆刷，堆疊出雞冠與肉垂的基礎形狀，接著使用 "Pinch（捏

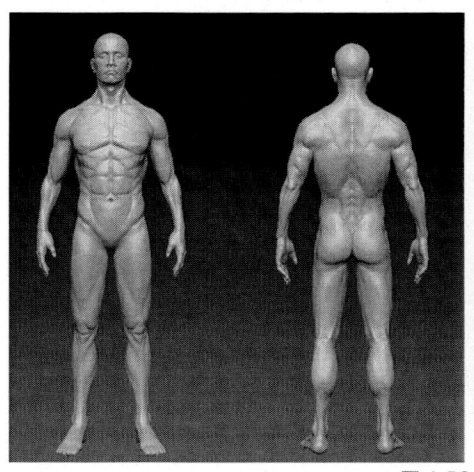

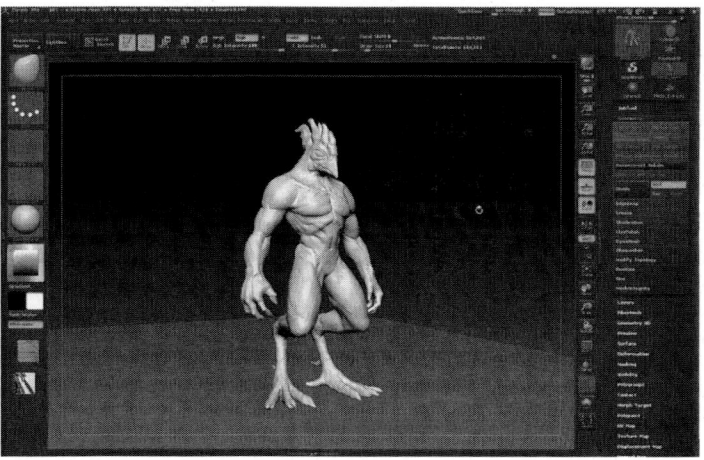

▲ 圖 4-52　　　　　　　　　　　　　　　　　　　　　　▲ 圖 4-53

▲ 圖 4-54　　　　　　　　　　　　　　　　　　　　▲ 圖 4-55

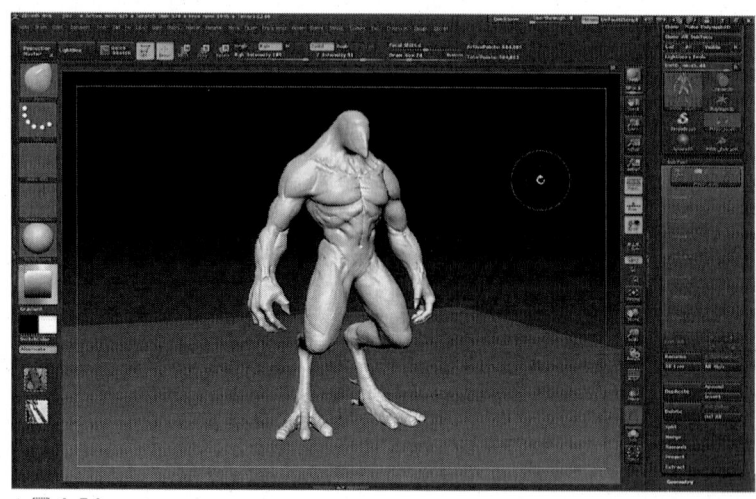

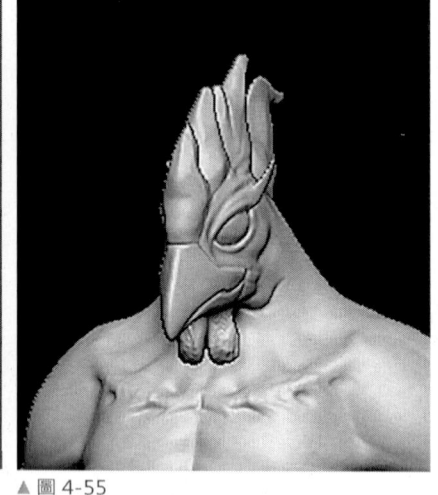

擠）"筆刷進行轉折邊緣的柔化與細部起伏結構的完善。塑造其他形狀變化較小並依附在頭部大形上的結構時，可使用"Magnify（膨脹）"筆刷和"Pinch（捏擠）"筆刷塑造出凹凸起伏的細微面部結構變化（圖4-55）。這一步要求根據角色面部特點進行雕刻，將角色的面部結構及表情特徵細緻地塑造出來。

（3）添加盔甲，雕刻細節

對角色模型整體及局部的身體結構進行完善後，在新建的圖層上繼續添加角色的盔甲和衣物，按照以上對角色身體結構塑造的步驟，從整體到局部的順序對服裝進行雕刻。在雕刻服裝的整體造型時，使服飾跟隨著身體的結構發生轉折；進行細節雕刻時，要隨時注意與整體的疏密關係和精細度比例，避免過度刻畫產生的不協調感。（圖4-56）

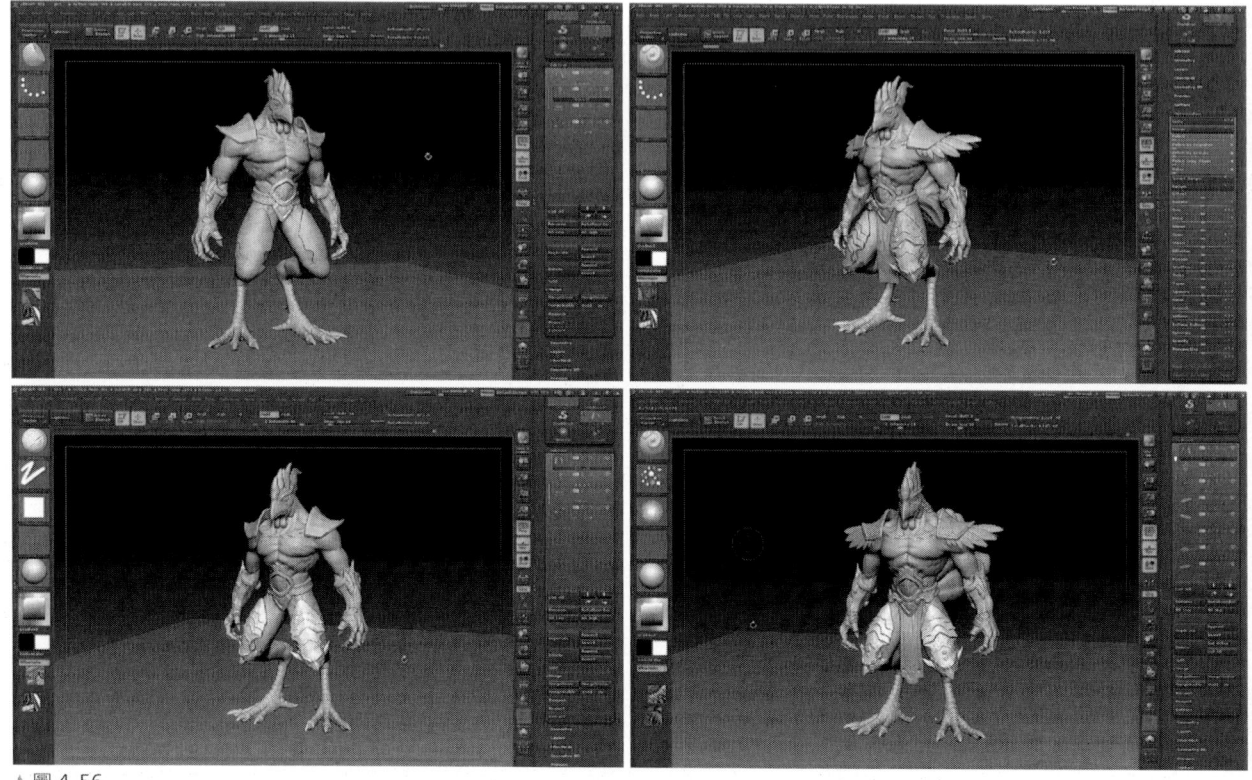

▲ 圖 4-56

六、動作製作

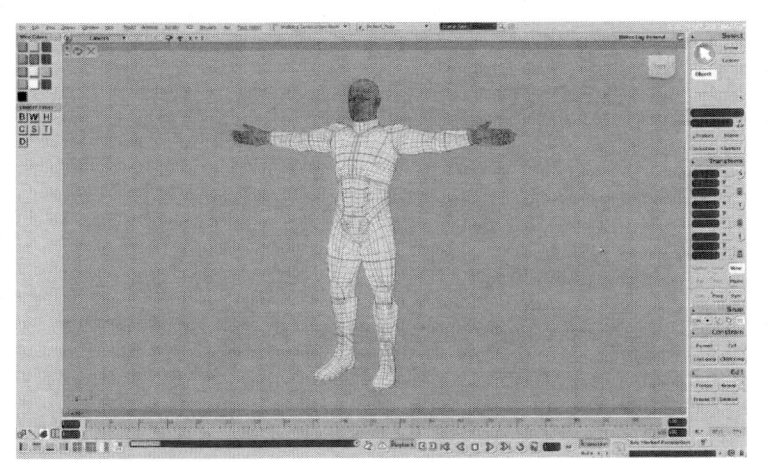

▲ 圖 4-

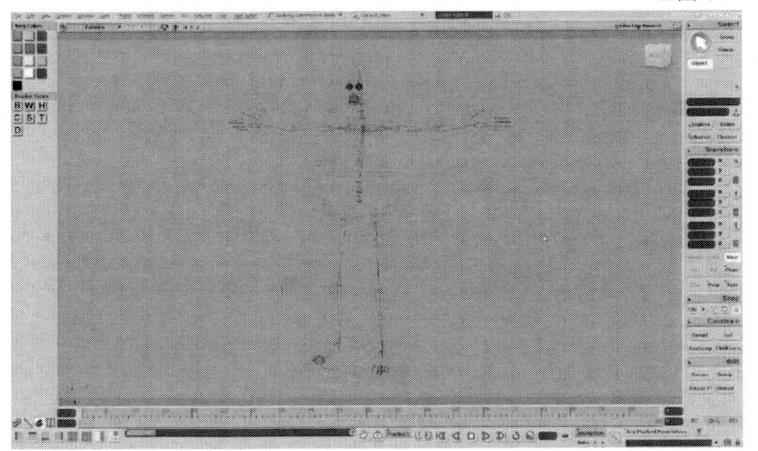

▲ 圖 4-

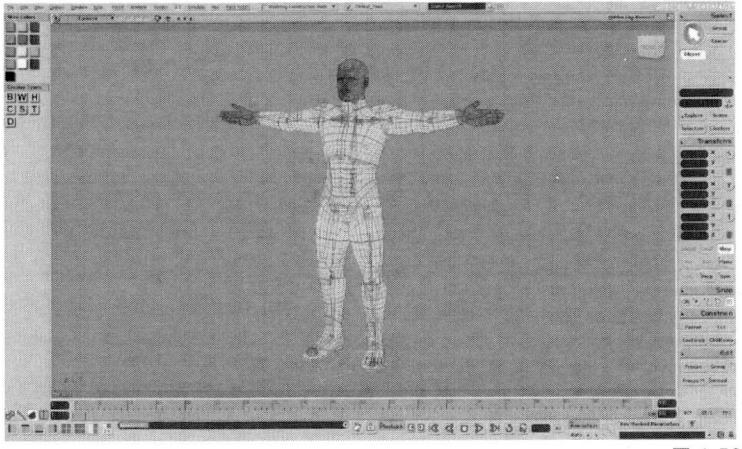

▲ 圖 4-59

實例：人物動作製作步驟

動作製作是三維動畫製作的重要組成部分，骨骼綁定的每一個步驟都影響著最終動作的效果。人物的綜合綁定在動作製作的過程中是最常用的，因為有角色的動畫，一定需要對該角色進行綜合綁定。下面對人物角色綁定的基本流程做一個總體上的介紹。

1. 整體綁定流程

角色整體綁定流程涉及的主要工作內容有：創建骨骼、調整骨骼軸向、添加 IK 手柄、控制器製作、IKFK 切換、約束、蒙皮、MEL 綁定和屬性連接等。

下面以卡通模型為例，將流程中各環節逐一進行講解。

首先，為角色創建模型，在製作過程中要注意儘量符合遊戲原畫的形象。圖 4-57 為遊戲中一個男性角色的模型。

得到了角色的基本姿勢造型之後，為所建的模型綁定骨骼，要注意骨骼的屬性。（圖 4-58）

需要注意的是，骨骼的創建應符合角色運動的規律和生理結構，模型與骨骼需要高度的匹配。（圖 4-59）

在三維的動畫過程中，身體的每個部件都是由骨骼操作的，每個骨骼控制相應的關節，設置蒙皮的作用就將骨骼與表面所建立的模型發生相應關係。（圖 4-60）

在圖 4-61 中，人體由不同的顏色組成，每種顏色代表一塊骨骼的影響。例如：左側上臂與下臂之間由兩塊骨骼組成，從圖可以看出上臂為

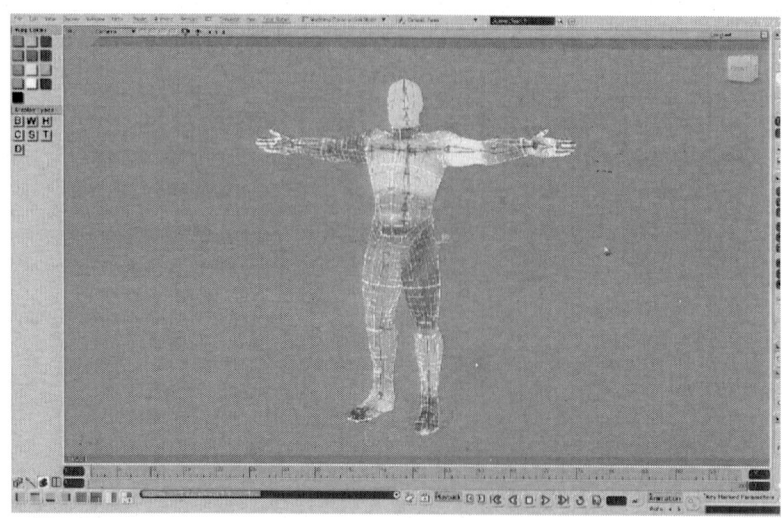

▲ 圖 4-60

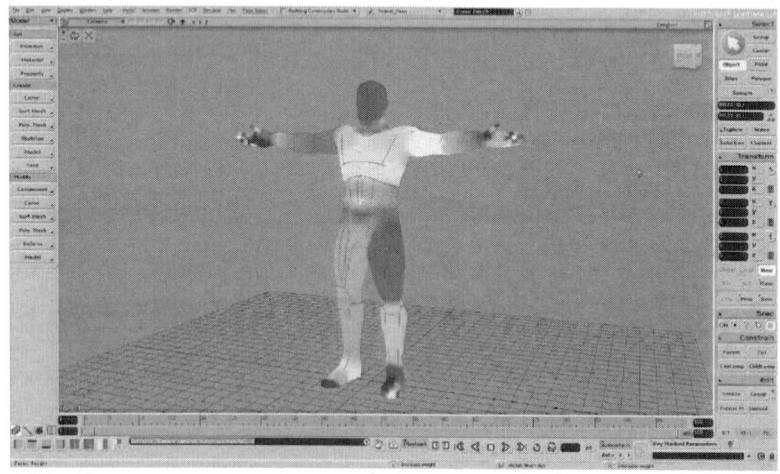

▲ 圖 4-61

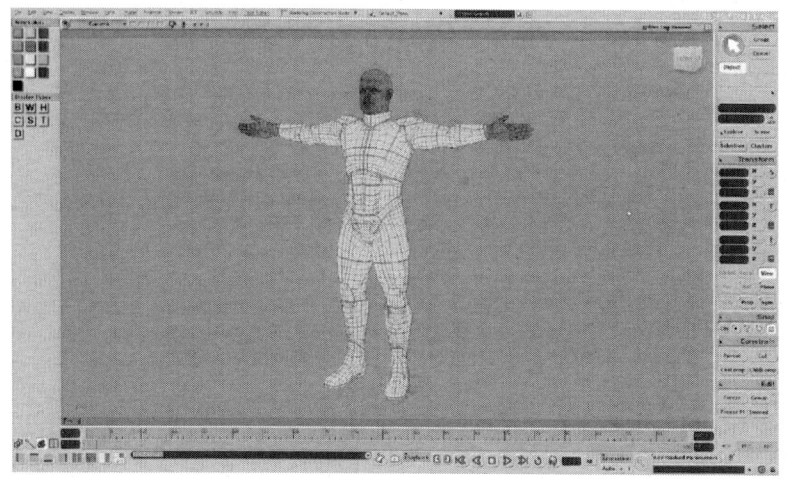

▲ 圖 4-62

紫色，下臂為黃色，越偏向紫色的時候由上臂骨骼驅動得越多，越偏向黃色的時候由下臂骨骼驅動得越多。

從圖 4-61 中可看出身體軀幹部位 色彩對比很弱，多為灰色，而手部色 彩對比強烈。這是由於軀幹部分較為 柔韌，結構更加複雜，更容易模擬出 身體的彎曲。而手部的活動面積大， 連帶關係小，故一般只有兩個顏色且 中間過渡顏色較少。如左側大拇指是 由紫紅色與淡藍色組成，指尖的紫紅 色與淡藍色幾乎看不出交界，而由於 大拇指的第二關節活動範圍較廣，故 設置較深，其到掌部的時候就會與掌 部的骨骼相融合。因頭部是靠脖子活 動，故頭部蒙皮只有一個顏色。

角色建模的過程中，在造型與比例合適的情況下佈線尤為重要。例如在建立模型的過程中要儘量避免五邊形面與五星的點，圖 4-62 的胸部有五 星的點。下面我們講解角色建模過程 中的佈線規則。

2.角色佈線

（1）角色佈線的方法

①平均法

平均法要求線條在模型上分佈平均且每個單位形狀近似。由於面與面的大小均等、排列有序，在進行後續的工作中包括展開模型的網格（拓撲圖），給角色賦予蒙皮或添加肌肉等方面的工作時提供了很大的便利，而且在修改外形的時候很適合雕刻刀這一利器。平均法的線路安排一般是按照骨骼的大方向走，即縱線要與相對應的骨骼垂直。伸展空間要大，變形複雜的局部採用平均法能夠保證線量的充沛及合理的伸展走向來支援大的運動幅度，變形少的局部用結構法做足細節，它的運動有伸展性，不用考慮這麼周全。

②結構法

結構法是根據結構的走向來布線的一種佈線方法，在進行模型佈線的時候，線的方向緊貼著結構走，在一些結構轉折明顯的地方，佈線應該適當增加以滿足模型的需求。在一些結構平穩的地方，佈線則應該適當減

▲ 圖 4-63　　　　　　　　　　　▲ 圖 4-64　　　　　　　　　　　▲ 圖 4-65

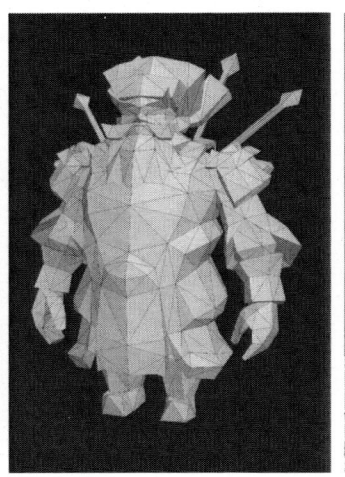

少，這樣可減輕系統的負擔，提高建模的速度。比如大腿、小腿、手臂、胸大肌等處，這些地方結構起伏緩慢，運動舒緩，佈線不宜過於密集，也有利於縮短製作時間，提高製作效率。但是，用結構法製作的模型不適合做動畫，會給動畫製作帶來相當大的難度。我們在進行角色蒙皮和肌肉變形的時候，如果佈線不工整、不規則，模型的可操控性就會下降。角色在運動的同時會出現嚴重的動作變形。因此我們在製作的同時應該根據模型的需要選擇合適的方法。

③綜合法

顧名思義，綜合法是將平均法和結構法綜合使用的一種方法，結合了兩種方法的優勢。單純的平均法有時候很難將模型的結構表達清楚，對一般製作者來說具有相當大的難度；而且成倍的面數會加大系統的負擔，尤其在一些骨點和細節的處理上，要有豐富的經驗。綜合法是建模中使用最多的一種方法，兼顧了平均法和結構法兩者的長處。在有了大量的訓練，積累了豐富的製作經驗之後，就可靈活運用此法。

（2）角色佈線的特點

①高低模佈線的區別

角色在佈線時針對高模（圖 4-63）與低模（圖 4-64）的要求不同，其在佈線方面也有一些區別。高模在平滑後，那些塑造形體時創建的三星、三角面、多星、多角面會嚴重影響模型的平滑度和伸展能力。低模則不同，對它來說高模忌諱的東西卻是精簡面和塑造形體的重要組成元素。低模佈線的原則是：在盡可能少的面數下表現出盡可能豐富的結構細節，同時在運動幅度較大的地方可以自由伸展並且不會變形。

②疏密關係

在具體佈線過程中，根據角色各部位運動幅度、規律等不同要求，需合理地安排佈線的疏密關係。線過多使角色結構過於瑣碎，線過少則會導致肌肉變形的可操控性下降。模型的佈線並不是以定型為最終目的，而是要考慮到日後在動畫中是否可用，即使是做單幀，也要考慮後續繪製貼圖的問題。

不同角色的佈線在疏密程度上也有所不同，但其基本上遵循運動幅度大與結構精細的部位線條密集的規律（包括關節部位、表情活躍的肌肉群等）（圖 4-65）。密集的佈線有兩個用途：在深入刻畫時，用來表現豐富的細節；在動畫時，能促使模型更自由的伸展運動。

由於眼睛在動畫表情中的變化是最豐富的，因此眼眶周圍需要布出足夠多的伸展線來滿足動畫中的需要。頭蓋骨部位不會產生肌肉變形和骨骼的運動，所以此處的佈線只要能達到定型的目的即可。耳朵的結構很複雜，密集線條用以表現結構細節。運動幅度微弱的地方用稀疏的線，包括頭蓋骨、部分關節與關節相接處等。

③角色佈線原則

這裡以人物角色模型的佈線為例詳細講解模型的分析，實際模型的佈線過程。由於人物的建模為角色建模的難點，所以只要掌握了人物模型的佈線方法，舉一反三，其他模型的佈線也就不是什麼難事了。這裡所講的佈線原則和方法同樣適用於其他模型。

a.在充分表現物件特徵的前提下儘量精簡模型（面數儘量少）——對於動畫要求，一般不需要精度非常高的模型，精度高的模型佔用資源比較多，調整的交互性和難度都較大，所以在滿足製作要求的前提下應該儘量精簡模型；

b.儘量保持所有的面均為四方面——四方面的模型在拓撲分解上較

為合理，可以在充分表現對象特徵的前提下節省系統資源，在動畫中渲染較快，而且也不易出錯，花些工夫把模型優化為四方面，儘量避免出現三角面和五邊形面是非常必要的，特別在模型變形要求較高的部位更是如此；

c.走線應符合解剖學的規律和角色動畫的要求——對於角色建模，通常要考慮到今後動畫變形的要求，這需要在佈線上符合解剖學的規律，依照人體肌肉分佈和變形的特點來安排走線，這樣才能建出真實可信、易於控制的模型。即使是卡通造型，在造型上比較誇張，但是仍然脫離不了真實人體的結構規律，所以解剖學的規律仍然是適用的。

以上所講的三點既是多邊形建模佈線的基本原則，也是優化佈線的基本方法。即在滿足形態和動畫要求的前提下用盡可能少的四邊形面來構建模型。

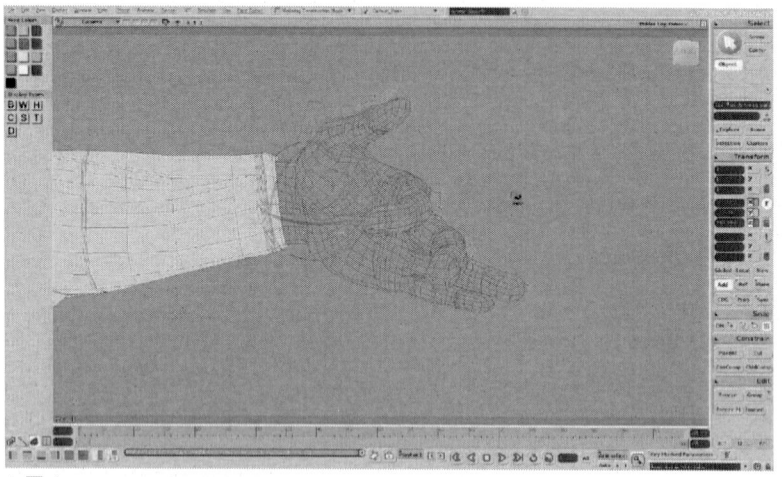

3. 控制器設置

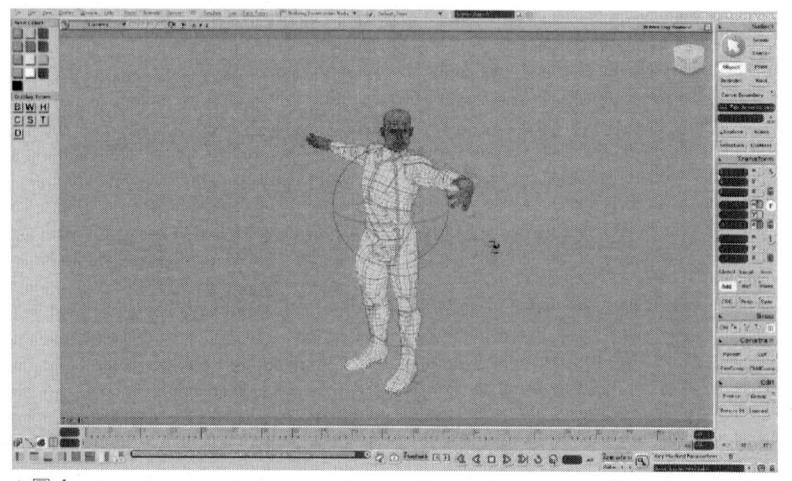

人物模型由多個骨骼相互關係形成動作，控制器是用來統領骨骼運動的，是便於動畫師操作的簡便方法，其由運算式組成。控制器不只是簡單的設置，其經常需要程式的配合，或者程式師根據相應的需求編寫單獨可實現的程式。比如在卡通風格的角色中，其身體的壓縮僅需要程式完成。

圖 4-66 是用 W 表示的手部控制器，控制了整個手部的屈伸關係。使用其控制器可使手部關節自然的彎曲。

圖 4-67 和 4-68 為圓形的胸部和腰部控制器，其控制了胸部和腰部四個骨骼的轉動。調節胸部骨骼的時候，腹部同時也有扭動，這就是設置"權重"時候的關係。由於蒙皮與骨骼的相互作用，旋轉其控制器，整個人物的上半身則可以呈現真人般的扭動，不會顯得突兀。

圖 4-69 為足部控制器，分為腳跟、腳心、腳掌三部分，這樣不僅可以實現腳部的基本形態也可以表達較為細膩的足部動作。如腳跟抬起、腳

▲ 圖 4-

▲ 圖 4-

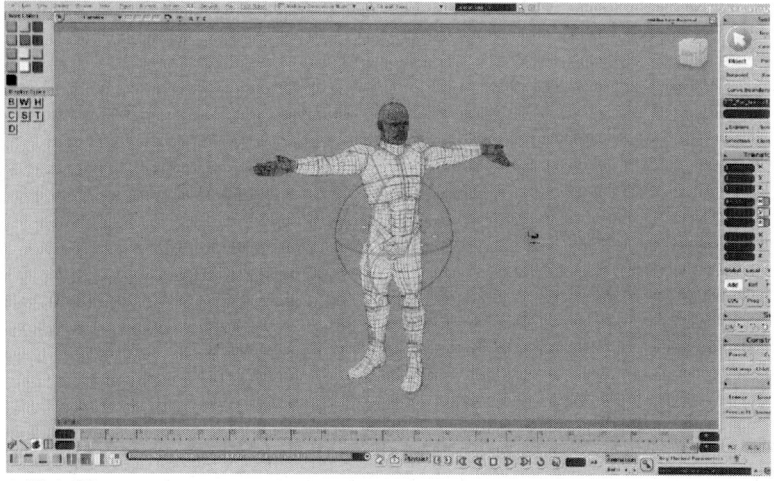

▲ 圖 4-68

尖抬起、腳部左右旋轉等，同時若移動腳跟的控制器則可抬起整個腿部。

　　圖 4-70 為頭部輪廓形狀的旋轉器，其控制了頭部與頸部相連接的三塊骨骼關係。

　　圖 4-71 為圖形的肩部控制器，其控制了整個下臂的骨骼。旋轉其控制器則可控制臂部的扭動。

　　圖 4-72 均為角色各個關節的控制器。將身體各部位控制器調節完成後可使用控制器擺出一個成品姿勢。

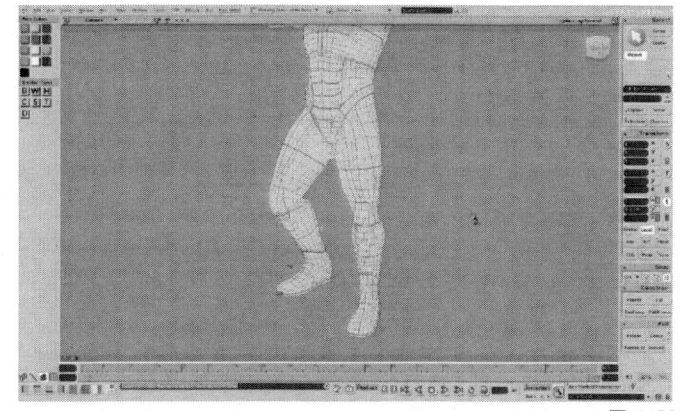

▲ 圖 4-69

▲ 圖 4-70

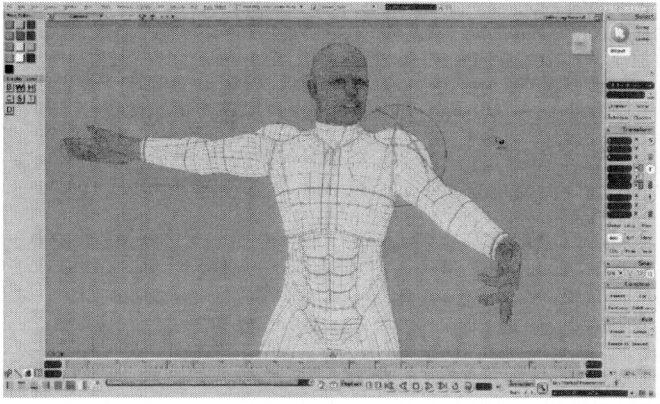

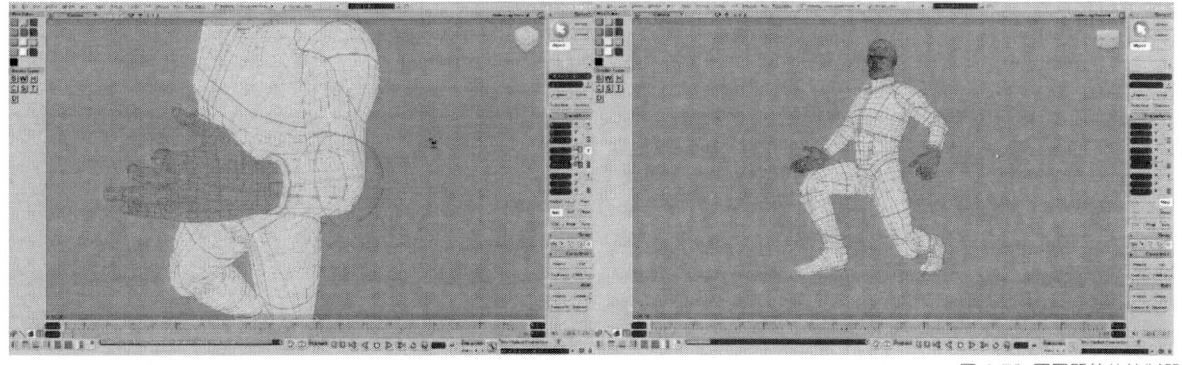

▲ 圖 4-71

▲ 圖 4-72 不同關節的控制器

七、特效製作

實例：噴火特效製作步驟

遊戲中特效製作一般是由程式師完成的。其分為三個步驟：

1. 美術創作簡單的特效圖；
2. 由特效師使用相應程式製作特效；
3. 美術與特效師共同協作的最後結果。下面對 SOFTIMAGE 一個遊戲中使用 ICE 粒子噴火的特效進行實例講解。

圖 4-73 為遊戲中常用的特效噴火效果圖。前面 閃爍的火焰向後推動延續逐漸轉換為濃煙，整個動畫 是逐漸從亮變暗的過程。

一個特效的製作需完成兩部分，其一為程式部分即粒子事件，其二為視覺部分即粒子效果。

如圖 4-74 三幅圖所示，其為此特效的動畫序列效果圖。

圖 4-75 為製作特效的第一部分的程式部分即粒子 事件。此圖為噴火特效的所有節點數。圖示中每個節 點均為複合節點（紅色框內即為複合節點），複合節 點把很多子節點包含在內。其由輸出節點、根節點、事件控制器、觸發器共同組成。

圖 4-75 中紅色框內的節點展開後即為圖 4-76 中的 節點，即子節點。

如圖 4-76 所示，就是複合節點展開的子節點。而紅色框內展開後是圖 4-77 所示的根節點，即為 圖 4-76 中複合節點的子節點的子節點。

圖 4-77 為展開的根節點，根節點全是由程式設計的語句組成。 綠色的為單獨的節點，彩色的為複合節點。從此圖中我們可以看出，為了便於更改每個子節點，其都有文字標識，上面

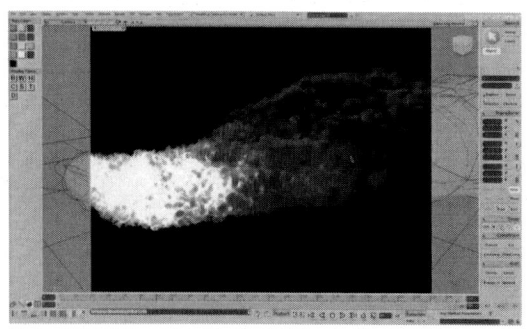

▲ 圖 4-73

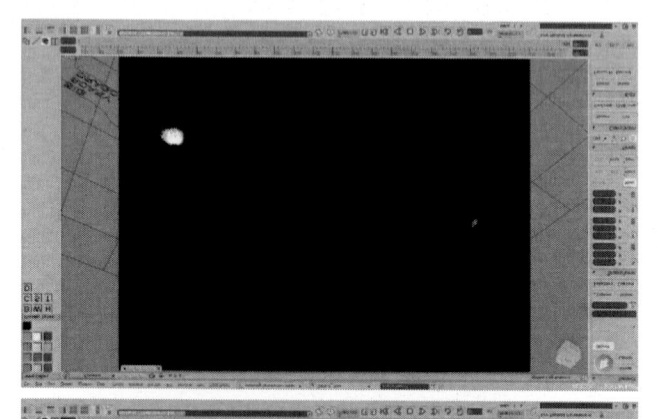

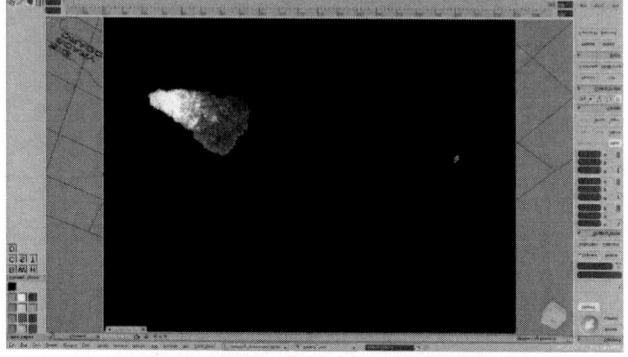

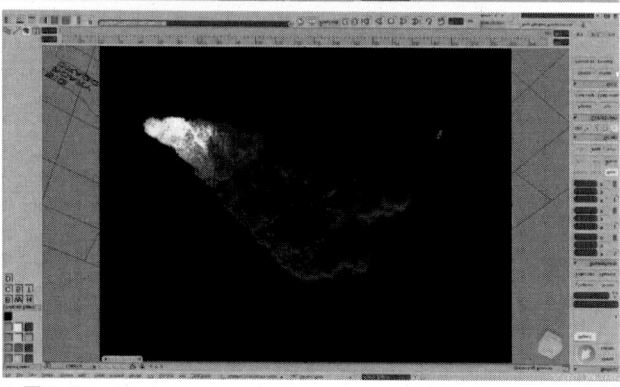

▲ 圖 4-74

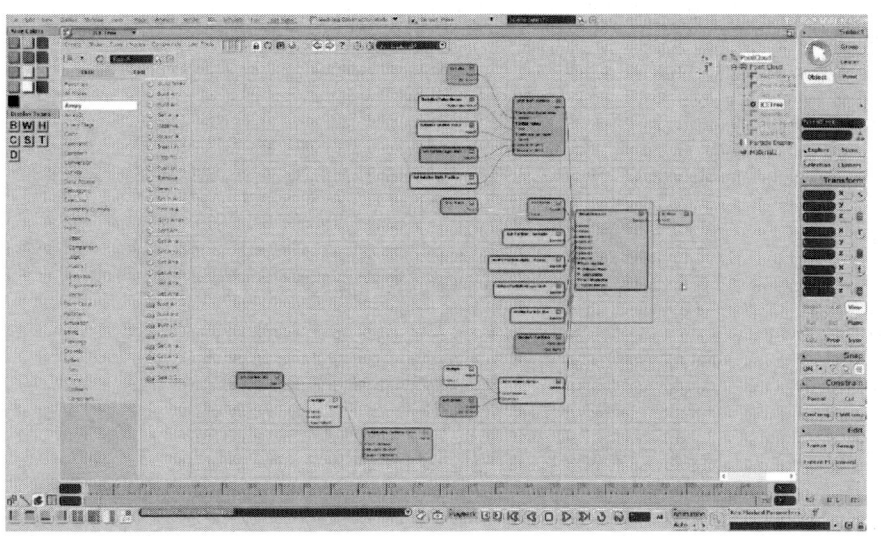

▲ 圖 4-75

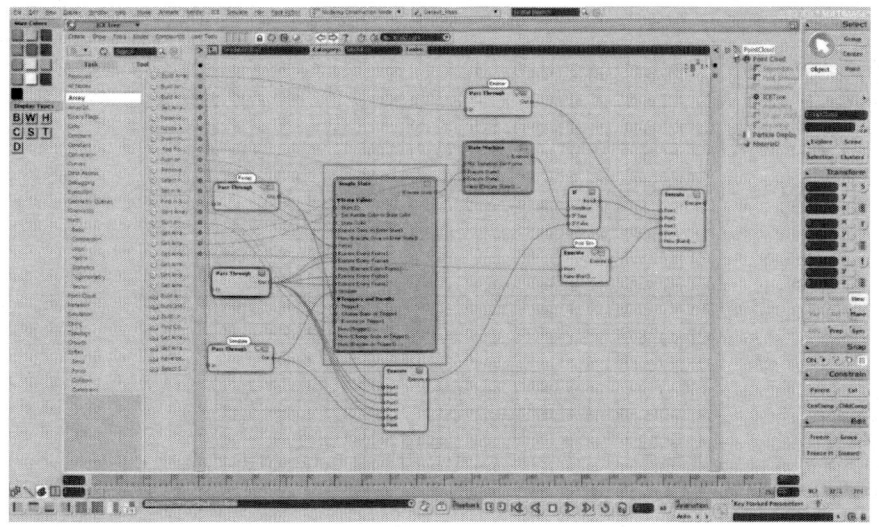

▲ 圖 4-76

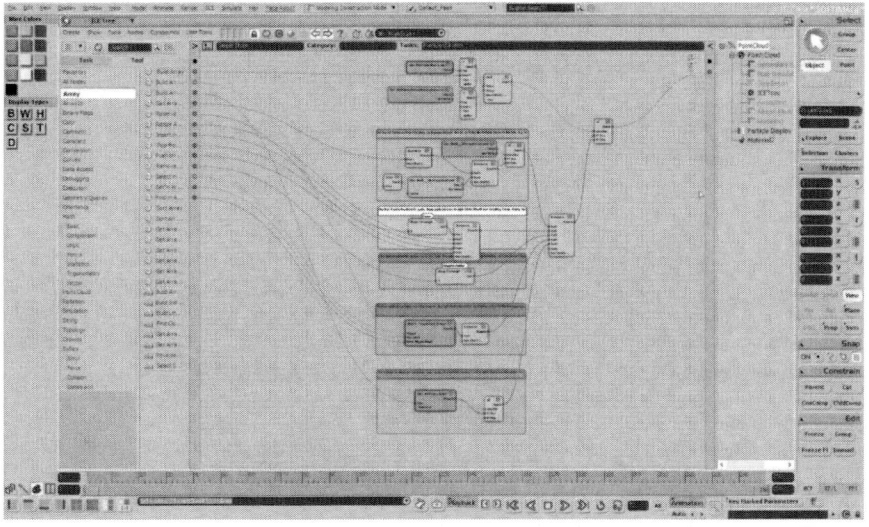

▲ 圖 4-77

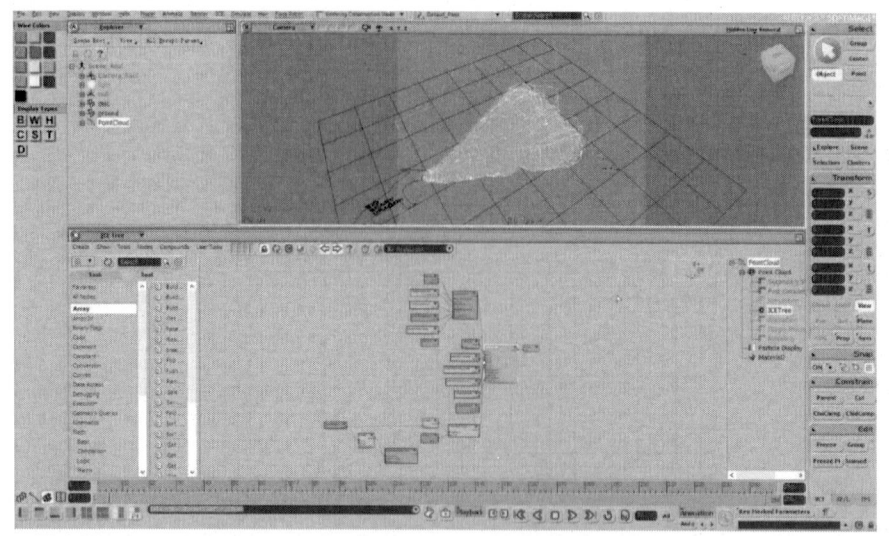

▲ 圖 4-78

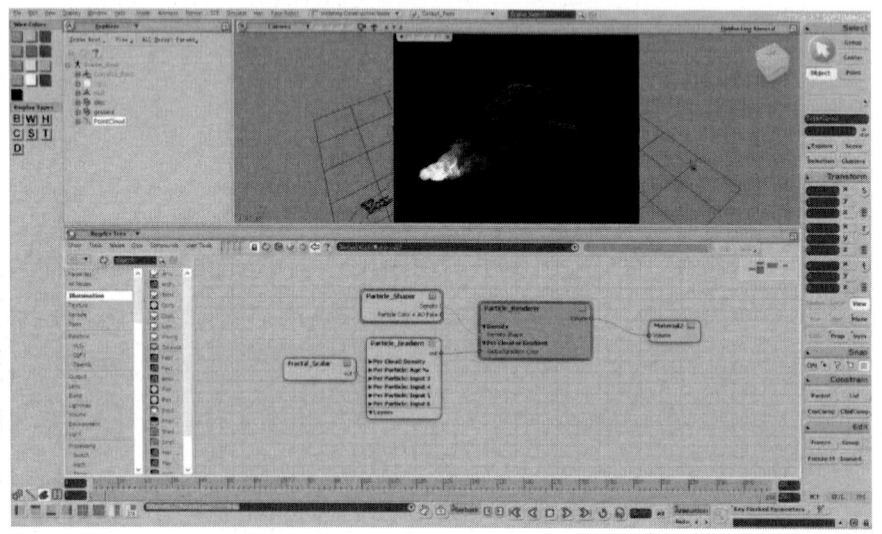

▲ 圖 4-79

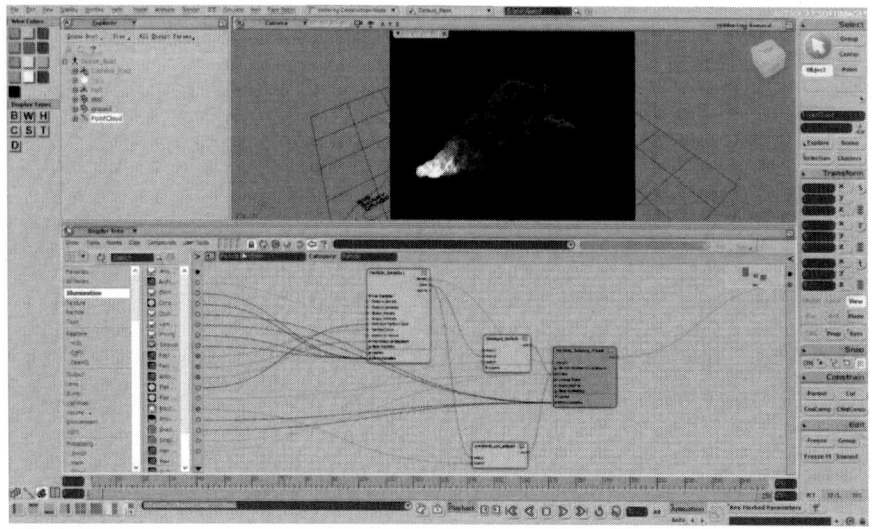

▲ 圖 4-80

　　圖 4-78 為工作圖，上部分為操作面板，下部分為工作區。把操作面板放大即為圖 4-77，我們可以看到火焰的動態圖及渲染節點。下面工作區即為前面我們所介紹的程式節點。

　　由圖 4-78 的粒子事件我們可以看出，此煙火的特效是由無數虛擬的球體組成，虛擬球體密度越高則煙火效果越強烈，密度越低煙火效果越弱。在粒子事件圖中我們並不能看出粒子的時間，即從開始噴火到最後變成煙的整個過程，而整個過程是在材質節點中呈現的。從圖 4-79 中的工作區 我們可看到其材質樹，前面 我們看到的噴火效果只是其特效動畫的一個事件，而其真正的最終效果是在 Randertree 中實現的，是由根材質、粒子材質、粒子貼圖組成的最終效果。

　　若將此特效分為三段，則第一段為爆炸階段，第二段為燃燒產生煙霧階段，第三段為燃燒結束完全變為煙霧階段。假設粒子事件按照此三段式，從噴射到噴出一秒以後煙火逐漸褪色，在五秒以後逐漸變成煙霧，則其色彩節點即是透過時間節點控制，即是透過漸變節點（Particle Gradient）來控制整個色彩，透過形態節點（Particle Shaper）來控制煙霧的形狀，最終輸出，給予視圖上所看到的景象。

　　圖 4-80 中將母節點（Particle Rander）展開後即為子節點，再展開其中一個子節點即為 Partcle

Shaper，把其再次展開後即為其根節點。

在我們打開的子節點中可以看到，其是一個通過布爾運算法（BulenSwich）將其體積傳遞給雲，然後將雲的節點輸出再給上面的母節點。

透過對比我們可以看出，在圖4-80 我們看到一個綠色輸入節點和一個紅色輸出節點。其實在這個節點中是由 17 個輸出節點組成的一個輸入節點，只將其中的一個綠色節點 進行使用，而其他的均為空節點。

從圖 4-81 中我們可以看出，有些為實節點（實線表示），有些為虛節點（虛線表示），實節點是內部相連的節點，是不可隨意更改的，而虛 節點則是可以輸入的，為人員自行輸入的節點。

通常一個軟體中程式設計人員會編 制很多複合節點供美術程式使用，如 液體的流動、風吹的樹葉等特效。

圖 4-82 中的左邊有很多複合節 點，每個目錄下面也有很多子節點供 我們使用。

根據以上步驟即可製作出一個粒子特效。

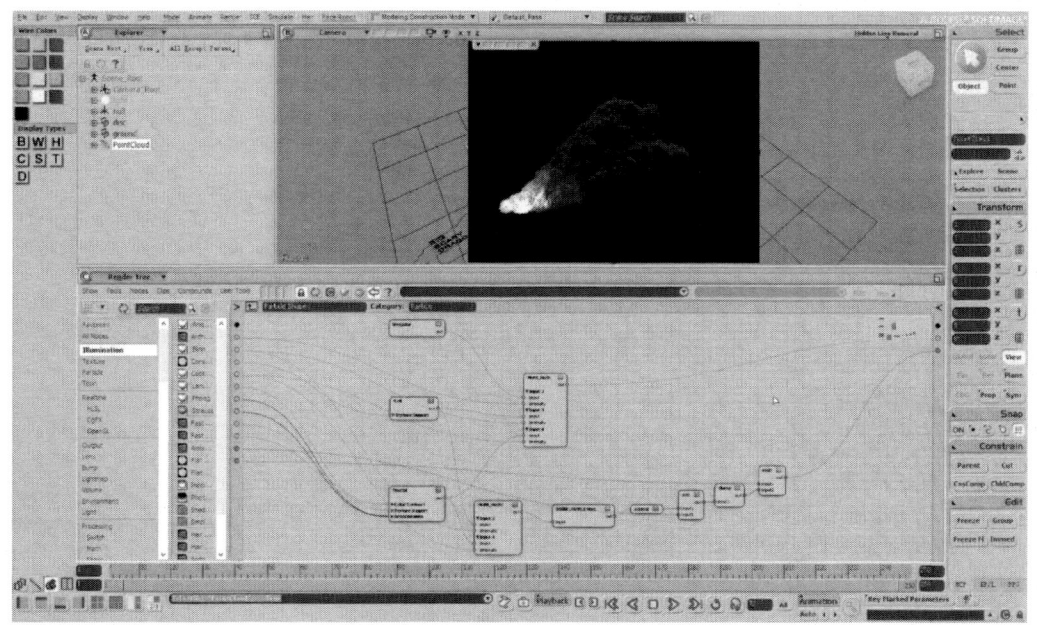

▲ 圖 4-81

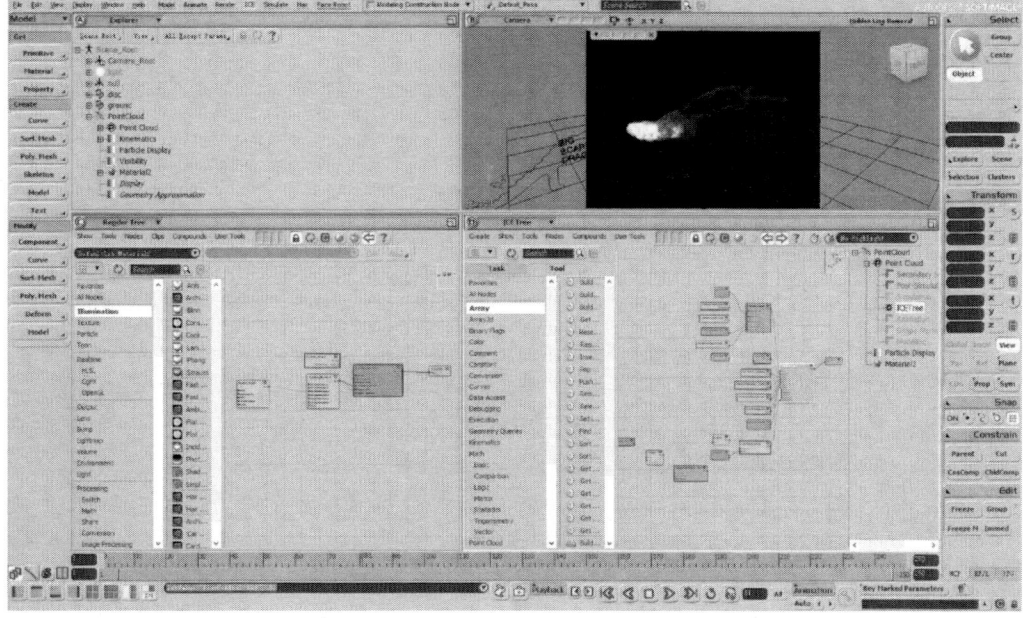

▲ 圖 4-82

八、單元導引

目標

教師透過本單元的教學，使學生瞭解遊戲美術的行業製作標準，更深入地認識遊戲美術相關的基礎和各類專業的繪圖軟體，掌握遊戲美術的繪製規範及步驟，並能夠有意識有針對性地進行練習，為後期的遊戲美術創作打好堅實的繪圖基礎，製作出符合行業標準及審美標準的遊戲美術作品。

要求

任課教師在教學過程中，對遊戲美術製作規範的各個分工內容，及本單元所列的案例製作過程，應分別進行詳細的講解，盡可能地結合實際操作來進行演示，使學生更直觀地瞭解遊戲美術作品的繪製規範及具體步驟，並結合之前的學習內容，融會貫通，運用到本單元的學習中來。

重點

在本單元中，系統地把握遊戲美術的分工及創作步驟為重點教學內容，透過講解具體遊戲分工案例的製作過程，直觀地展示遊戲美術的不同部分從草圖到成品的繪製過程，使學生瞭解遊戲美術的分工內容，掌握繪製規範及步驟，並逐漸認識到遊戲美術的行業規範。

注意事項提示

在本單元的教授過程中，教師應收集更多的目前市場上的優秀遊戲作品，對其分工內容及繪製過程進行梳理與分析，將書中的知識點進行擴充與延伸，並引導學生綜合前幾單元所掌握的知識內容在本單元熟練應用，使學生透過對所學知識的總結，提升創作能力，繪製出符合行業規範的遊戲美術作品。

小結要點

透過本單元的學習，學生是否掌握了遊戲美術創作的繪製規範及步驟？對遊戲美術流程分工的理解度如何？對遊戲美術行業標準的瞭解怎樣？在完成作業的過程中反映出學生對本單元的把握程度怎樣？

為學生提供的思考題

1. 在進入本單元學習前，對遊戲美術製作規範的理解是怎樣的？
2. 遊戲美術作品設計的學習分別需要注意哪些方面的輔助知識？
3. 如何提高自己的創作能力？

學生課餘時間的練習題

1. 臨摹各類職業的角色造型20個，其中包括人類角色、怪獸、動物等類型，風格不限。
2. 設計各類職業的角色造型草圖10個，並包含造型服飾，其中包括人類角色、怪獸、動物等類型，風格不限。
3. 臨摹一幅優秀的場景概念設計圖。
4. 臨摹一款RPG遊戲的商店介面。

作業命題

構建一款Q版RPG遊戲的世界觀，並根據其中對畫面的要求進行以下創作：
1. 設計遊戲中一個主要角色，並使用三維軟體實現最終的遊戲效果。
2. 設計遊戲中一個戰爭部落的場景，其中包括大本營、練兵場、採礦場、哨崗等。
3. 設計遊戲的背包介面，其中包括背包物品欄、背包容量擴展欄、遊戲貨幣欄等。

作業命題的緣由

在本單元所羅列的遊戲美術範例中，囊括了遊戲美術相關的所有內容。學生對遊戲美術創作的繪製規範及步驟、製作規範有所瞭解和掌握還不夠深入。為了加強對本單元教學內容的學習，要有意識、有針對性地進行練習，收集優秀的遊戲美術作品，進行思考和研究，大量的臨摹以汲取其中的優點，通過臨摹與練習，不斷提高自己的實際操作能力，為後期的創作打下基礎，從而能夠進行自主設計。通過命題作業進行自計，在創作過程中鍛鍊聯想能力，通過實際操作，培養和訓練自身的創作能力，製作出符合行業標準及審美標準的遊戲美術作品。

命題作業的具體要求

同學們在完成練習時主要從以下三個方面進行：
1. 結合前幾個單元所學的知識和本單元的教學內容來分析和思考如何進行創作，鍛鍊自己的創作能力。
2. 根據任課老師提供的主題來進行創作，這樣能由淺入深地做好進階訓練。
3. 提高創作基本功的同時，要對相關內容的專業知識進行瞭解，拓寬知識面，開拓創作思維。

第 5 單元

遊戲美術作品賞析

一、角色賞析

二、場景賞析

三、介面賞析

四、圖示賞析

一、角色賞析

　　圖 5-1 為《王者世界》遊戲中卡通風格造型的角色，該角色為一個手持長劍，身披盔甲的歐洲中世紀劍士。

　　人物的職業為劍士，其時代背景及職業屬性清晰地表現在著裝與武器上：她是歐洲中世紀騎士風格；她左手握著的長劍，身上穿戴的金屬鎧甲都代表著劍士的身份；她的頭盔只露出眼睛的部位，用以觀察周圍和敵人的進攻。人物的鎧甲只裝備了頭、手腳、胸口、臀部等重要部位，簡便輕巧，表現出了人物的靈活、機動性強，屬於進攻型的職業。

　　人物整體為3.5頭身，造型特點鮮明、充滿趣味，符合卡通角色造型特徵。人物頭部和盔甲造型為一個鷹嘴的形狀，面部三庭比例為2：2：1，即上庭與中庭長度相等，下庭略短，呈鵝蛋形狀，突出了 Q 版人物頭骨的特點。人物的頭髮、眉毛及眼睛造型誇張，髮型體現了人物幹淨利落的行事風格，眉毛上揚，眼睛加以誇大，同時眼角微微上抬，朱唇緊閉，在突出人物女性特徵的同時為其增添了一絲劍士的威嚴氣質。

　　服裝的鑲金鎧甲樣式增加了服裝的層次感。服裝上的花紋及金色鑲邊使人物整體著裝精緻、層次感豐富。鎧甲上的黃金鑲邊和花紋都採用了線形造型方式，與鎧甲兩者在服裝相互搭配上形成點、線、面的結合，豐富了單一的服飾造型。同時，鎧甲和配飾的造型轉折明顯，堅硬的材質表現，從整體上打破了女性角色身體柔軟的形象，兩者搭配使角色整體輪廓勻稱，襯托出剛柔並濟女性劍士角色的堅毅性格。

　　在色彩關係上，此人設屬於高短調子，主色為黃色，色相對比多為鄰近色對比，加上少部分暗綠色，對比效果強烈、明亮，畫面整體呈現簡約靚麗風格。結合人物造型，黃色為此人物著裝的主色，如鎧甲上暗金色的鑲邊、米黃色的皮膚。搭配鎧甲上固有的暗綠色，整體給人威嚴的視覺感受，突出了劍士的特質。人物和鎧甲上的花紋運用了三種不同的點綴色，如眼睛、胸部和腰裙的大紅色，盔甲上的金黃色，臀部鎧甲的天藍色，這些小面積色彩與主色調黃色搭配互為鄰近色和對比色，不僅豐富了畫面色相對於人物主體的黃色調，鎧甲固有色主要以黃色的鄰近色暗綠色作為輔助色。整體色調降低了整體黃色的純度，更能襯托出人物主體的顏色。同時兩者的運用（鎧甲的暗綠色、鎧甲花紋和金黃色的鑲邊）共同搭配人物皮膚的米黃色，這三種顏色作為物體的主輔顏色，不僅色彩統一和諧而且色彩關係明確、節奏感更加明顯。臀部鎧甲上點綴的天藍色和大紅色打破了鄰近色搭配的單調，鎧甲的暗綠色搭配金黃色的鑲邊花紋更具有金屬的質感。

　　圖5-2為《王者世界》遊戲人設，其角色為身穿鎧甲、手持重劍的卡通風格造型的劍士。

　　人物的職業是劍士，圖5-2角色的時代背景能清晰地表現在著裝和道具上。從外形上分析：身著重甲，手拿長劍，動作呈攻擊狀，可以判斷該角色是以近身攻擊為主要的作戰方式。從著裝上分析：盔甲厚重結實而且做工精細，可見防禦力戰鬥水準較強。

　　人物整體為 3.5 頭身，造型特點鮮明，符合卡通Q版人物造型特徵。人物頭部是一個圓形，人物鼻子和嘴用誇張的小黑點表示，眼睛占人臉中位置較多，突出人物的可愛；運動方式合理，頭髮則配合人物身體的動態向後散開，戰鬥前待機動作強烈。

　　服裝是由盔甲和布衣組成，除了角色的胳膊肘和大腿往下的一小部分之外都裹上盔甲，服飾具有層次感，整體造型剛硬結實，中間飄揚的紅色衣料下擺掩蓋了盔甲太過堅硬的不

▲ 圖 5-1

▲ 圖 5-2

▲ 圖 5-3

和堅固的盔甲互相襯托，動靜結合，人物的動態塑造較大；布料上有金色的鑲邊，盔甲上雕刻的花紋表現出裝備的精緻華麗，透過精緻華麗的明亮花紋在整體色彩較暗的盔甲上發揮畫龍點睛的作用，設計上做到了統一元素，使服裝更加整體。

在色彩關係上，此為中灰調子，主色調為褐色，紅色為輔助色。著裝上，如褐色的劍、褐色的盔甲、褐色的布料等，服飾為強對比類型，冷暖對比強烈，效果明顯，和主色調交相呼應。結合人物造型，運用金色，如盔甲金色的鑲邊、後背的鮮紅色衣料和鮮紅的衣服下擺，還有銀藍色的頭髮、紅色的花紋，這些小面積色彩與主調褐色搭配冷暖色相互對比，和諧畫面，點綴畫面，豐富了畫面的色彩。

從圖 5-2 中主光線從右上角射下來，在頭盔、頭髮、肩甲、腰甲上形成暖色調；背光處，如劍、臉的前方、手臂、右腳都打上冷光形成強烈對比，使鎧甲的體積感突出，劍上鎖鏈的灰色發揮了拉伸畫面的作用，使人物身上各個部分都不重疊，虛實結合，遠近距離感加強。

頭甲上的黃色與褐色對比加強華麗感，人物顏色的對比部分突出。下半身分為兩部分，右邊為冷色調左邊為暖色調，左邊的暖色調，使畫面色彩看起來豐富不單調，衣帶邊緣的金色，腰帶的紅色和裝飾，這些小面積顏色的使用，與畫面主色調互為鄰近，在畫面中豐富畫面卻不破壞畫面的整體氛圍。

圖 5-3 為一個女性劍客的人設練習，中國古代寫實風格。該角色為一個英姿颯爽的貴族女性劍客形象。角色的種族為人族，職業為劍客。其職業屬性清晰地表現在其著裝與道具上：髮簪上右端為祥雲、左端為龍頭，祥龍為皇室標誌，體現角色的高貴身份；頭頂的馬尾簡單輕便，利於出行任務；右手持劍，體現女劍客的身份；角色慣用右手，所以右臂衣袖短，以方便右手靈活用劍，體現角色的善戰。

角色整體為 7.5 頭身比例。造型具有鮮明的中國古代風格，畫風柔中帶剛，符合角色職業氣質；整體造型嚴肅穩重，角色面部三庭比例為 1：1：1，面容清麗秀美，表情剛毅，眉宇之間透露出正義之氣；角色髮型為馬尾髮，飄逸靈便，與髮簪呈十字狀垂直，給人以端莊正派之感；額前兩側垂墜的幾縷青絲，體現出女劍客柔美的一面。

角色服飾由棉布、絲綢、金屬等材質層層疊加構成，增加了角色服飾的層次感和材質的豐富感。髮簪上的流蘇、劍穗上的流蘇、腿前玉佩上的流蘇元素相呼應，髮簪右端、肩甲上、腰飾上花紋、玉佩上、腿飾上、劍柄劍鞘上的雲紋相呼應。雲紋元素貫穿角色服飾，使得雲紋元素不孤立，從而使整個畫面更加和諧。腰飾上的玉環、腹前的環形飾品、玉佩、髮簪及流蘇、劍及流蘇、胯上的飄帶，和角色一身半透蠶絲衣裳共同構成了畫面中點、線、面的組合，豐富了角色服飾造型。而角色的飾品集中在頭部、腰腹部，拉開了畫面整體的疏密節奏關係。角色上衣右袖短、左袖長；下裳右邊長、左邊短，衣裳的設計透露出角色便於作戰的智慧，並且左右不對稱的設計更具美感。角色形態上呈 A 字型，站姿更穩；胸腔、胯部不在同一平面，雙手一前一後，使角色形態不死板，更生動，造型更加貼合角色形象。

在色彩關係上，此角色屬於灰調子，主色為低明度的米白色，輔色為墨綠色。色相對比為弱對比類型。效果和諧穩重，凸顯出古色古香、柔中帶剛的造型特點。結合角色造型，大面積衣裳的白色為主色，搭配上肩甲、護腕、腰帶、腿前飄帶、短靴、劍鞘的墨綠色作為輔色，整體表現出冷靜嚴肅之感，突出角色貴族女劍客的沉著敏銳特質。配飾運用了幾種不同的點綴色，如髮簪流蘇、腰部裹布和劍穗的紅色，頭飾、鎧甲金邊、腰間飄帶的金色，腰後飄帶的橘色，腰間玉墜的青色，這些小面積的點綴色在畫面整體的色彩關係上，既不破壞色彩的整體關係，又使畫面色彩更加豐富。

該角色手持的武器是一把文劍，體現出角色不僅驍勇善戰，並且有淵博的學識和見識，體現出貴族女劍客的文武雙全、颯爽英姿。劍穗的流蘇與髮簪的流蘇相呼應，劍柄的紋飾與肩甲、腰帶的紋飾相呼應，使寶劍與角色更好地結合，畫面更加完整。寶劍橫在胸前的位置，把角色身材分割成黃金分割比例，整個畫面更顯舒適和諧。

圖 5-4 為《鬥戰神》遊戲的角色——黑無常。寫實風格造型，該角色為一個身著鐵鍊、手帶枷鎖、皮膚黝黑、面目猙獰、齜牙咧嘴的陰間判官形象。

人物的職業為勾生魂的地獄使者，其時代背景及職業屬性清晰地表現在著裝與道具上：其身上鎧甲樣式為中國古代鎧甲的變形塑造，透露出一股中國風；冠是中國宋代官員長翅帽的再創作形式，說明角色有著官職；頸上的大串佛珠，表現出角色有自己的信仰；皮膚黝黑，面目猙獰，腹前鎧甲鑲嵌的死人臉，表現出該角色來自陰間且性格直率；肩甲前面的鐵鍊枷鎖和手持上的頭骨，表現出角色技能是勾攝魂魄；背部鎧甲上的眼睛，表現出角色可以目測八方。

人物整體為 7 頭身，造型具有鮮明的中國神話味道，畫風濃重，符合角色特徵。角色裝備左右對稱，體現角色的威嚴莊重之感。頭部造型呈現出十字型，穩重壓抑。面部三庭 3：1：2，額頭飽滿，鼻子短，眼睛睜圓，顴骨突出，獠牙外齜，面部表情猙獰凶煞；眉毛下壓，採用祥雲型，透露中國信仰；絡腮胡一直延伸到髮際，凸顯人物狂躁直率的性格。手腕、靴口和腰帶三處金屬手銬造型相呼應。

服裝由布、皮甲、鐵甲相互嵌

▲ 圖 5-4

第五單元 遊戲美術作品賞析

套，增加服裝的層次感，頸上的佛珠、肩甲上的絨球、手持上的頭骨等採用圓形的造型方式，與帽上的長翅、肩甲前面的鎖鏈、手持上的飄帶和鎧甲下擺等形成點、線、面的組合，豐富了角色的服飾造型；盔甲垂墜方直的下擺為角色增添堅硬的氣勢。人物形態方面，抬起的右腳與左手傾斜的手杖打破人物僵直的形狀，使造型構成感更加豐富。

在色彩關係上，此人設屬於灰調子，主色為暖褐色，色相對比多為鄰近色對比，為弱對比類型，效果和諧、厚重，凸顯出黑暗壓抑的畫面風格。結合人物造型，紅褐色為此人物著裝的主色，如長翅帽、胸甲、衣袖、戰袍下擺、戰靴等。搭配上肩甲、護手、腰帶、靴幫的黃褐色，整體給人厚重敦實之感，突出煉獄使者的特質。服裝上的配飾運用了幾種不同的點綴色，如眉毛、衣服下擺上字的暗紅色、佛珠的藍灰色、肩甲上絨球的黃灰色，這些小面積色彩與主調搭配互為鄰近色，處在畫面中不顯突兀並豐富了畫面色彩。

相對於人物主體的紅褐色色調，手持道具以紅色的鄰近色橙色作為主色調。道具的整體提高了色彩的純度和明度，作為點綴色，豐富了畫面的色彩，使色彩更加有節奏，視覺上更加鮮活，不單調。人物整體以紅褐色為主，黃褐色為輔，色調統一並富有變化。皮膚和佛珠的藍灰、腹前的紫灰，平衡了畫面中的冷暖對比，使顏色更加豐富和諧。

圖 5-5 為《魔獸世界》遊戲中的角色——加爾魯什·地獄咆哮，Q版風格造型。該角色為一個身著鐵甲、肩扛象牙、手持斧頭、齜咧獠牙的獸人戰士形象。

角色的種族為純血獸人，職業為戰士，頭銜為酋長、陣營首領。其職業屬性清晰地表現在著裝與道具上：肩上一對象牙、肩甲為動物的頭骨，表現出角色狂暴的性格；手腕、腰腹、腿腳上的厚重鐵甲，體現出角色

的戰士身份；角色尖翹的耳朵、上翹的獠牙及矮壯的身材，體現出其獸人種族；角色帶有鼻環、胸有文身，透露出角色種族是有文明象徵的；其象牙上有鉚釘與鐵邊鑲嵌，腰腹部護甲骷髏頭、膝蓋的鋼鐵護膝，說明角色種族有一定的戰鬥經驗。

角色整體為 4 頭身 Q 版，造型屬於歐美風格，畫風濃重，符合角色特徵。角色鎧甲厚重，體現角色的威嚴莊重之感。面部三庭比例為 1：1：3，額頭短、鼻頭肥、眼睛圓、顴骨高、獠牙外齜、下頜骨寬大。面部表情凶煞，頭部臉部光禿沒有毛髮，凸顯人物狂躁的性格。

服裝由皮毛、鐵甲相互嵌套，增加服飾的層次感。肩甲骷髏造型與腹部護甲骷髏造型相呼應，護手鐵鍊與胯部鐵鍊相呼應，使角色裝備的造型更豐富和諧。肩上象牙鑲嵌的鉚釘、肩甲腹甲上骷髏造型的眼窩、鎧甲上的原型鉚釘元素、手持的線條型斧頭、大面積黃褐色的皮膚等構成了畫面中點、線、面的組合，豐富了角色的服飾造型。角色形態方面，雙手微張，雙腿微岔開半蹲狀，增強了角色的攻擊性，使造型更加貼合角色形象。

在色彩關係上，此角色屬於純調子，主色為橘黃色，輔色為紅褐色，點綴色為藍綠色。色相對比為鄰近色對比，為弱對比類型，效果和諧凸顯出敦實厚重的繪畫風格。結合角色造型，獸人裸露了大面積橘黃色皮膚，搭配上肩部、手腕護甲、腰腹部和腿部的紅褐色鐵甲，整體表現出健壯結實之感，突出獸人戰士的野蠻特質。服裝上運用了多種不同的點綴色，如鐵甲上的紅色和藍色的鏽斑、象牙上青綠色的黴斑、石頭上藍灰色的塵斑等，這些小面積色彩與主色調搭配互為鄰近色或互補色，處在畫面中不顯突兀並豐富了畫面色彩。

該角色手持的是一把斧頭，搭配矮壯的獸人是最具威力的武器。斧頭呈橙灰色，與皮膚橘色相呼應，畫面整體更加和諧。斧頭背部的鐵刺與角色肩上象牙的尖刺鉚釘、肩甲腹甲骷髏上尖刺的獠牙相呼應，突出獸人野蠻暴力的特質。

▲ 圖 5-5

圖 5-6 描繪的是一個卡通寫實風格造型的角色，該角色的形象以中國清代滿族女性的形象為參考，並在服飾上結合了仙女與道教服裝元素，從而進行再塑造。

整體形態上，該角色動態正直，身體微微前傾的動態突出了女性 S 型的曲線身材。前伸扭轉的頭部，右前傾的肩膀和前出的右腳平衡了身體，也使其符合了人體動態，充滿了凜然正氣。

形象結構上，頭部以人的頭骨結構為基礎，對眼睛的大小和位置進行了放大、下調距離擴展的處理，從視覺上，豐富了人物臉部形象，體現出可愛和靈動的氣息；縮短了嘴的長度，在眼睛的對比下，鼻子和嘴的人為縮小呈現出小巧的感覺，表現出少女該有的青春輕盈的氣息。

該角色人體比例接近正常人體比例，造型特點鮮明，充滿女生的童真趣味，符合了遊戲卡通角色的造型特徵。人物頭部造型為圓形，突出了年輕人頭骨的特點，也符合了年輕女性的外貌特徵。頭髮兩邊盤在頭頂及後方，符合清朝皇宮女性盤頭的特點。眉毛的長度進行了人為縮短，不僅突出了人物年輕特徵的同時還為其增添了一絲俏皮的靈動氣質。

服裝的設計樣式結合了古代女性服裝的特點，增加了層次感，也豐富了人物形象。人物服裝上的花紋、配飾等運用了中國古代花樣的元素，使人物整體俏皮、活潑，同時也烘托出人物鮮明的形象和身份。人物頭飾結合了清朝滿族女性的旗頭造型特點，打破了傳統旗頭的樣式，增添的飄逸的飄帶和騰飛的綾緞相呼應，使角色整體輪廓飽滿，也為其人物形象增添了仙女的氣質。頭飾運用了白色和藍色的寶珠，豐富了服裝的質感，凸顯出了人物本身精靈般的氣息。人物上身的金色裝飾點綴了畫面，同時也平衡了人物服裝的色彩，解決了服裝面料單一的問題，也為其人物形象增添了幾分高貴的氣質。

在色彩關係上，此人設屬於暖調，大體色彩為暖色，多為同類色。為了適應同類色選擇了降低色彩的飽和度，從而使人物色彩和諧、整體，突出了色彩清新活潑的畫面風格。從人物整體來看，白色系為人物的主色，白色的飄帶和袖帶搭配著裙子和上衣的顏色，顏色整體鮮明活潑，表達出了年輕女生的特質。服裝上運用了幾種不同的點綴色，如上衣的粉綠色、配飾的金色、頭飾飄帶的紅色、裙子的深紅色和紫色、飄帶的白色、內飾的褐色等，這些色塊的搭配和運用平衡了畫面中的冷暖對比，豐富了畫面的色，成功地塑造了一個年輕的古代女性角色。

圖 5-7 的角色為半寫實造型風格，描繪的是身背卷軸、手持桃木劍和小型煉妖爐的古代雲游道人形象。

人物的職業為道士，其時代背景及職業屬性清晰地表現在著裝與道具上：他頭戴的逍遙巾，身著的氅衣，腳穿的道靴，都是中國古代道士的傳統服飾。其中頭上的逍遙巾為江湖庶民所戴，但身著的氅衣與道靴則是道士中的"高功法師"的象徵；內襯布衣的領口微張，可以斷定此角色為雲遊於民間的"高功法師"；背上背著卷軸，手持桃木劍與劍上的符咒，小型的煉妖爐，腰上掛著的葫蘆，這些物件更加凸顯了其降妖除魔的職業屬性。

人物整體為 6 頭身，造型特點明確，充滿嚴肅的氣質，符合半寫實人物造型特徵。人物頭部造型為兩個頂角的等腰三角形，面部三庭比例為 2：1：2，即上庭與下庭長度相等，中庭為上、下庭的一半，突出了老年人頭骨的特點。人物的頭髮、眉毛及鬍子造型誇張散亂，髮髻呈十字型盤在頭頂，兩邊鬢髮向兩邊張開；前方的鬍子沿著口輪匝肌向兩邊延伸，從下頜骨彙聚之後像翅膀向外伸展。頭髮和鬍子二者平衡了頭部造型，伸展的部分使人感覺平穩對稱。眉毛的長度進行了誇張，突出此角色嚴肅、正派的氣質。

▲ 圖 5-6

披肩、氅衣、布衣三者的層疊，增加了人物的厚重感與層次感。服裝上的雲形花紋與衣邊，從材質與造型上打破了人物衣裝上單一的設計，使人物元素更加豐富。在卷軸、衣邊、桃木劍、煉妖爐、葫蘆上都使用了金屬的材質與雲紋，從設計上做到了元素的統一，使角色更具整體性。雲紋的使用也象徵著角色超然世俗名利之外，雲遊四方，斬妖除魔的品質。

從色彩關係上，此人設屬於中灰調子，主色為冷色，色相對比多為鄰近色對比，為弱對比類型，效果和諧，使畫面風格厚重、嚴肅。結合人物造型，藍色為此人物著裝的主色，如淺藍色的氅衣、深藍色的襯衣及深藍色的道靴，大面積的藍色給人沉穩、安定的視覺感受，突出了除妖者的特質。畫面使用了對比色黃色作為輔助色，使畫面色彩更為豐富，對比之下的黃灰色作為膚色，體現了角色作為除妖者身經百戰經驗豐富的特點。服裝上的配飾運用了幾種不同的點綴色，如衣邊的黃色、腰繩的紅色、葫蘆的橘色，這些小面積的色彩與主色調藍色搭配互為鄰近色或對比色，在畫面中十分和諧並且使畫面色彩更加豐富。

相對於人物主體的藍灰色調，身上的裝備（桃木劍、煉妖爐、葫蘆）與皮膚主要以藍色的對比色黃色作為主色調。裝備與皮膚透過降低色彩的純度，從而襯托出人物主體的顏色。並且使運用了紅色（腰帶的花紋、逍遙巾），橘黃色（葫蘆的繩子、煉妖爐的爐火）這兩種顏色作為物體的搭配色，兩種顏色互為鄰近色，色彩和諧統一。角色的背光處打了一盞黃色的輪廓光，對比色黃色的使用與輔色相呼應，使角色的暗部更加透氣，豐富了畫面的顏色，藍色與黃色在肩膀處強烈的對比為人物增添了幽靜、神秘的感覺。

圖 5-8 為《鬥戰神》遊戲中寫實風格造型的角色，該角色為一個火屬性——人形妖狐。

角色的職業為小妖，其職業屬性清晰地表現在外形與著裝上。外形上來分析：身上以棕紅色狐毛為主，映襯出妖狐為火屬性。上肢單薄而下肢粗壯有力，可以判斷該角色是敏捷型而非防禦型。該角色肢體由人和狐狸體態結合表現。狐狸的毛髮和人皮膚的過渡，具象地體現出"人形妖狐"的特徵。著裝上分析：該角色身著初級輕捷型盔甲，粗略的做工和材質體現防禦力、抵禦性都較低。

人物整體為 7 頭身，造型特點鮮明，為寫實風格。人物頭部處理上採用大面積覆蓋毛髮，聳立的狐耳、赤紅的雙眼和冷冽的表情體現人物警惕性極強。從角色動態設計上體現出咄咄逼人、蓄勢待發的姿態，然而簡陋的盔甲又能充分體現出小妖等級較低。主要體現在盔甲的材質和外形及其搭配上，以胸甲分析為例：身著

▲ 圖 5-7　　　　　　　　　　　　　　　　　　　　　　　　　　　▲ 圖 5-8

傳統鐵製盔甲，後半部採用簡易的包鐵皮帶連接，材質簡陋，做工粗糙；上面附著的紋路也大而化之，缺乏設計感。

在色彩關係上，此角色屬於中灰調子；主色調是紅色，主色為暖色，色相對比上多為鄰近色對比，為弱對比類型，效果和諧、整體，凸顯出沉穩的繪畫風格。結合人物造型，赤紅色為此人物外形著裝的主色，濃密的毛髮、赤紅的雙眼和火焰特效都表現出這一主色調。其中在毛髮的處理方面，用色單一而不失層次變化，增強畫面氛圍感。從輔色調及點綴色上分析，色彩搭配上運用部分冷色做補色：以小面積藍紫色布帶和偏冷的皮膚做補色，使畫面更加和諧。而這些小面積的冷色和鄰近色的處理，在畫面中不顯突兀並豐富了整個畫面的色彩。然而畫面在黑白灰處理上，在胸甲、腰甲、裙甲和護膝等裝備上以重色處理，使整體氛圍更加有厚重感，沉穩而又不沉悶。

從紅色特有的色彩傾向性來感受畫面，它具有很強的視覺衝擊力和極強的分量感。畫面相對於人物主體的藍白色調（胸甲和腰甲上的紫藍色布帶）打破了鄰近色搭配的單調。裝備的整體色調降低了色彩的純度，更襯托出以人物為主體。火焰與毛髮的鄰近色調處理使畫面富有變化和節奏感。整個畫面表現出較典型的《鬥戰神》人設塑造手法。

圖 5-9 源自《王者世界》遊戲中卡通風格造型的角色，職業為槍兵，身著連身皮布長裙，加上金屬肩甲、腰帶、袖口，還有鏤空絲襪，體現了架空魔幻世界裡的綜合性服飾風格，而手持長槍則表現了該角色的職業。人物的職業為槍兵，其穿著和佩戴直觀地表現出其時代背景和職業：她所穿的皮甲，華麗的歐式長槍，金色的金屬花紋，充分表現出架空魔幻式題材服飾特點；頭戴金色的髮箍，紫紅色的頭髮；肩部和腰部佩戴金屬的盔甲，胸口和下身穿著緊身布衣和半截中長裙，裙末端有著十字的小裝飾；手部為金屬盔甲包裹裡面的布甲，並且手戴皮質手套，以方便握住武器；腿套鏤空雕花的黑色絲襪，身後垂著紅色的腰飾，腳穿皮質裹靴，手持一把金色為主的長槍，直觀地表現出了人物攻擊性的職業特點。

人物整體為 3.5 頭身，造型複雜華麗，動態充滿趣味，符合卡通角色造型特徵。人物頭部為上圓下尖的一個橢圓形形狀，面部比例為 3：1：1，即上庭等於或大於中庭和下庭之和，臉部誇張的五官表現出 Q 版女性頭骨的特點。頭部紫紅色的短髮給人以魔幻的感覺，人物的動態十分有特點，頭部看向畫面鏡頭，手部向前伸，有一種蓄勢待發的狀態。

服裝整體為盔甲和布衣、皮衣相間而成，從頭頂的金屬材質、肩部的盔甲、胸口和手臂的布衣和皮衣再到腰間的金屬裝飾，再到下半身的布製中長裙，豐富了全身的服裝造型，並不單一。長裙下擺自然飄逸，與長槍

▲ 圖 5-9

和腰飾的金屬成對比，使人物設計項目變得豐富，服裝上的花紋和配置的雕花、鏤空等裝飾顯示出其裝備的華麗，與複雜華麗的武器造型相映生輝，從設計上做到了元素的統一，使角色更為整體，這些精細的刻畫和豐富的設計表現出其高階職業華麗的特點。人物服裝和鎧甲整體輕巧，避免繁瑣的配飾和護甲，人物行動更為輕便，有利於移動攻擊，與攻擊性職業特點相符合。

在色彩關係上，此人設屬於中暖調，主色為暖色，色相對比多為鄰近色對比，為弱對比類型。結合人物造型，偏紅色為主的人物著裝顏色，如紫紅的頭髮，紅色的肩甲、領子、手鐲皮甲、裙子以及背後的腰飾。輔助色主要以棕色為主，棕色的肩甲固有色，如手套、手臂內部布甲、絲襪和鞋子等。服裝上的配飾運用了幾種不同的點綴色：金色的點綴豐富了整個畫面的色彩，如頭飾、肩甲、腰部武器等部件的勾花，與複雜繁瑣的花紋相對應，展現出了服飾的華麗性；小面積的白色點綴在整個畫面中，使整個畫面不會太沉悶，整個畫面都以暖色為主，白色使整體上顏色搭配和諧，給人活潑靈動的視覺感受，以及白色這些小面積的色彩與主色調紅色相互對比，在畫面中十分和諧並且使畫面色彩更加豐富。

二、場景賞析

圖 5-10 是遊戲中一座邊防城市的概念設計圖，畫面風格為寫實幻想風格。

其整體畫面氣氛磅礴，建築物恢宏大氣，突出城市歷史悠久與城牆的古老堅固。整體畫面是一個色彩濃鬱，低明度弱對比的暖色調，營造出悠久滄桑的氛圍。場景整體採用 S 型構圖，其構圖豐滿、層次分明，增強了畫面空間感。

此場景屬於中等較弱的空氣透視。近中景刻畫較細緻，色彩明度較低且用色濃重，而遠景較概括，明度較高。其透過對光線的控制形成景物近暗遠亮，中景天空的"亮"和遠景中對雲彩顏色的處理打破了畫面沉悶的氣氛，增強了畫面的空間感與縱深感。整個場景是一個高中調的處理，故其對比不是很強烈。

此場景透視角度採用的是一點透視下的仰視角度，視平線大概位於整體畫面下 1/3 處。這種角度的視平線構圖使場景視野顯得開闊，可以將場景總體面貌與景物層次清晰地展現在畫面上。

在近景中，右邊為土褐色的土坡，周圍河岸有橫七豎八的碎石，左邊的堡壘要塞已是殘垣斷壁卻依然屹立不倒，這表明此處曾經歷多次戰爭的踐踏。故近景在色彩方面整體明度偏低，色調在整體偏暖中透出一點冷色，以突出其殘舊古老的氣氛，前景描繪的物體均較為低矮，其可以與中景在視角高度上拉開距離，讓畫面前後層次分明。

中景為一座三角形建築物，該建築物中心是畫面中的視覺最高點，為整個場景畫面中最高的建築物。其

▲ 圖 5-10

採用了類似歐洲哥德式城堡的建築風格，結構為中間高四周逐漸遞減，這樣的造型凸顯出這座古老的城市穩重、結實的氣質；造型上多處運用石柱元素，中心高聳入雲的建築，增添了城堡的威嚴大氣。在色彩方面採用了明度和純度較低的米黃色和紫紅色與中景遠景的紅褐色形成對比，使場景具有空間感。

遠景處相連的山坡崖壁和天空雲彩的變化與近景和中景形成了統一又具有變化的畫面效果。聳立延綿的山體和漸漸淡去的雲層，使畫面的視線延伸向遠處，畫面右側的雲層中透出亮色與左側建築形成呼應，同時讓畫面視覺中心更為精彩。

此場景的精彩之處為近景和中景，細節處理上豐富到位：具體體現在對色彩和光線的運用將視線引向要塞和城堡，順利地把目光停留在經歷戰爭後留下的巨大缺口的要塞，以及右邊和堅固的城市上，表現此地久經戰爭的踐踏依然固若金湯，在歷史長

河的沖刷下依舊屹立不倒，同時雲層中透出的光也表現了這裡在經歷了戰爭的摧殘後將迎來曙光。

圖 5-11 為一座矗立著城堡的概念設計圖，畫面為幻想風格。構圖左邊高右邊低，整體畫面氣氛活潑，建築物造型多樣豐富，人的視角前方是平地，後面的城堡就展現出來，使人的中心視角集中在主要建築上。近處稀疏的植物與城堡的整體劃一性形成鮮明對比，體現出視覺中心的恢巨集、氣勢磅礴，內容豐富華麗，空間感很強。

畫面屬於較弱的空氣透視：近中景霧氣稀薄，明度較高，色彩鮮明，前景物雖然所占比例不多，但開闊的視野發揮拉伸畫面的作用，人的注意力被吸引在主體物上。畫面山谷下的縹緲霧氣更加襯托出城堡神秘的氣氛，整體為冷色調，與前景的暖色調形成鮮明對比，營造出一種渾然天成的自然美。

此場景的透視角度是採用由遠及

▲ 圖 5-11

▲ 圖 5-12

與古巴比倫建築的空中花園造型頗似，城堡右邊還有一個巨大的懸空寶石，強調出此場景是一個神秘的魔法世界。井井有條的高大建築物直沖雲霄，其上面厚重的顏色與清澈透亮的天空相互襯托，與天空的藍紫形成鮮明對比，使其城堡雖處在遠景但卻是畫面中最重要的位置。

精彩的部分是整幅畫面那種神秘的縹緲之感，天空飛翔的飛艇和城堡上開的各種花朵，細節部分體現出城堡的豪華、端莊；城堡上半部分的顏色為冷色調，與下半部分的暖色調交錯，展現出幻想世界的神秘。

圖 5-12 是遊戲中一座正在被攻打的城池概念設計圖，畫面風格為寫實魔幻風格。

畫面整體氣氛濃重，城池破損嚴重，展現出城池硝煙四起。整體畫面為低明度高對比的暖色調，在營造烽火連天氛圍的同時，給人造成惶恐不安、焦慮的心理影響。場景整體構圖為三角形，突出畫面中心的城門，加強了畫面的空間感和節奏感。

此場景的空氣透視屬於中等較弱的空氣透視。近中景刻畫較細緻，色彩濃重；而遠景較概括，明度較高。其透過對光線的控制形成景物近暗遠亮，中景的箭台和遠景的烽火、天空"亮"的處理打破了畫面凝重的氣氛，增強了畫面的空間感與縱深感。

此場景透視角度採用成角透視，視平線位於畫面中間，即城牆與地面交界處。平視角度對畫面內容的展示性較強，透過光源（煙火）的引導，將視覺中心引向城堡。

在近景中，冷色的岩石明度較低，一方面拉開了畫面遠近關係，另一方面給予了畫面厚重的表現基調。近景左邊岩石的顏色明度最低，岩石上點綴的藍色光斑成為整個畫面的點綴色，與中景的暖黃色火焰形成高調的對比，拉開空間，同時豐富了近景岩石的色彩關係。右邊的岩石群呈尖刺狀，指向畫面中心的光源，形成很好的視覺導向。

中景為戰場和城門。其中戰場為

近、從下往上的仰視；視平線位於圖像的中間位置靠下處，天空占的比例大於城堡，畫面空曠但是不單調，與前景的平地相呼應。視角從右往左，沒有阻擋物，主體物全部展現出來，視野開闊，周遭稀疏的環境反而更加襯托出建築的緊湊感。

近景空曠但不乏樹木、河水、草地的點綴，河水從近景一直蜿蜒到遠景最後消失在懸崖的盡頭，暖色都集中在近景，沒有霧氣更為明亮，與遠景的冷色對比更顯出遠景的虛無縹緲之感，拉伸了鏡頭。顏色以明亮的顏色為主，以突出其活潑的生命力。

中景是瀑布懸崖和低矮的山崖，其中以散亂的山崖為視覺點，集中在畫面的右邊，山崖的空氣透視較強，遠近對比較大。遠景的霧氣又與中景的山石有聯繫，故而整個畫面相互聯系到一起。與霧氣搭配，突出遠近景的清晰不同，中景明度低。兩邊結構不對稱，造型上多用山崖的元素，有疏有密，其中以藍、橙、綠與遠景的紫色相互烘托，有縹緲感。

遠景是最重要的部分，是整幅畫面中的視覺中心。遠處的城堡建築，

第五單元 遊戲美術作品賞析

視覺中心，佔據畫面較大面積。畫面中攻城車的擺放透視，縱深了空間關系。空中投射的火箭與前景的藍色光斑、中景遠景的城堡構成了點線面關系，豐富了畫面內容。城堡的殘破與城前的煙火構成中景戰爭激烈的緊張氛圍。亮黃色的煙火和激烈的戰爭場面使之成為視覺中心。

遠景一座城堡聳立，周圍彌漫著濃重的硝煙，除城堡之外的遠景都虛化處理，使視覺中心的城堡更加突出。左上角的光源與前景中的岩石在調子上形成鮮明的對比，拉開了畫面的層次，增強了整體畫面的光感和層次感。

此場景的精彩之處為中景部分，戰爭場面的細節處理豐富到位。軍隊的排布呈 Z 型，交錯縱深，加強了戰場的縱深感。攻城車的擺放豐富了中景畫面，前後擺放的攻城車拉開了對比關係。弓箭手射出的火箭作為視覺引導直指城堡，集中表現出視覺中心。

圖 5-13 是遊戲中一個貨船碼頭的概念設計圖，畫面風格為幻想風格。

其整體畫面氣氛平靜恬淡，是一個中明度對比的冷色調，營造出水邊恬靜的氛圍。場景整體佈局為 Z 型，使構圖飽滿而深遠，突出了主體物，並增強了縱深感。

此場景焦點透視屬於成角透視。近景和中景刻畫比較細緻，能夠看到遠方倉庫的頂部紋飾，色彩清淡，而遠景較概括，明度較高。其透過對畫面中不同物體刻畫的細緻程度，以及色彩冷暖強度對比來增強畫面的空間感。

此場景透視角度採用的是俯視角度，視平線位於帆船的高位欄杆位置，這種透視使場景視野比較高，能夠清晰地看到主體物的面貌和遠處的景物。

近景物體造型上層次較分明，拐角的碼頭設計增強了前景的延伸感，船隻的造型在平矮的碼頭上顯得尤為突出。在近景中，兩階的碼頭上堆放了幾堆物品以及指向儀，其造型刻畫

較為簡單，作為前景中與船隻相互映襯。避免喧賓奪主。近景的色彩方面整體明度偏低，色調在整個畫面中偏暖，前景描繪的物體都比較低矮，與中景拉開距離。

中景的房屋為中世紀特點的倉庫、煙囪、教堂等建築，其顏色與近景的佈景相一致，色彩上冷暖對比較弱，形成了統一又具有變化的畫面效果。遠處的煙囪高高地聳立著，打破了大面積的天空所形成的呆板形象，使畫面更加廣闊，畫面疏密有致。

遠景的色彩方面整體明度比較高，慢慢向淡藍色過渡，與天空相結合，增強了空間感和縱深感的同時又不顯突兀。遠景整體顏色上基於一個冷色調，讓整個畫面色彩形成對比，使畫面更有層次感。

此場景的精彩之處為中景部分，

細節處理集中在修理工修理能源噴射器上，噴射器末端由於能源的噴射而造成，為未來與大航海時代結合的一艘帆船，帆船左側的藍色能源噴射器為畫面的視覺中心，色彩上藍綠色和褐黃色形成對比，增強視覺效果。船尾採用機械和手工藝的結合，顯得造型新穎，整體來說不失特點。在色彩方面其主色為明度低的棕色和灰色，以明亮的藍色為輔，與近景遠景的紅棕色的碼頭和倉庫形成冷暖對比，藍色與天空形成相互照應，形成一個完整的畫面，使場景具有景深感。

圖 5-14 為某培訓班的一位老師的一幅場景練習圖，畫面幽靜祥和，充滿仙俠氣息。畫面風格為寫實魔幻風格。

其整體畫面色彩通透，營造出神聖莊嚴、質樸無瑕的仙境景象，近處

▲ 圖 5-13

▲ 圖 5-14

較高明度的黃色與遠處較低明度的紫色形成對比，夢幻如仙境。畫面內容描繪的是眾多佛塔聚集、威力強大的佛院聖境。場景整體構圖為三角形與黃金比例相結合，突出畫面中心的佛院聖境，加強了空間感和莊重感。

此場景的空氣透視屬於中等較強的空氣透視。近中景刻畫較細緻，色彩豐富、變化微妙；遠景較概括，色彩純度較低。其透過對光線的控制形成近景暗、中景亮、遠景灰的明暗關係。中景對聖光照亮佛院的處理，提亮了畫面節奏，增強了畫面的空間感與層次感。

此場景的透視角度採用成角透視，視平線位於畫面下方 1/3 處，即岩石與海面交界處。平視稍仰的角度讓畫面的透視感更強。透過光線的引導，將視覺中心引向畫面中佛塔聖境聚集之處。

在近景中，暖色的岩石明度較低，一方面拉開了畫面的遠近關係，另一方面給予了近景厚重的表現基調，從而襯托出明快的中景。近景右側的岩石離畫面最近，色彩明度最低；左側的岩石則稍遠稍亮一些，拉開了近景中的前後空間關係。近景中岩石左側尖利成團、右側平緩如面，豐富了岩石的輪廓節奏，同時空出了畫面黃金比例中最舒適的部分作為中景的畫面中心，構圖講究。

中景為岩石群與佛塔聚集的聖境。其中，佛塔聚集的聖境為畫面視覺中心，聖境上部的巨大岩石刻有佛院護法神，聖光照射，集中了視覺。聖境下方的海水被岩石分割成 S 型，更好地引導了畫面中心，且增強了畫面的縱深感與節奏感。空中懸浮的佛塔與岩石、海面、天空構成了點線面的組合，豐富了畫面的節奏和內容。佛塔與佛像在聖光的照射下更加神聖莊嚴、無量無邊。左側明亮的光源與前景中低明度的岩石在調子上形成鮮明對比，拉開了畫面的層次感，從而增強了畫面的光感和節奏感。

遠景中岩石向遠處縱深，直到與隔著淡淡的霧氣，遠景做虛化處理，使視覺中心的聖境更加突出。

此場景的精彩之處為中景部分，莊嚴神聖的佛院在細節處理上非常到位。聖光照射佛院，引導視覺中心；佛院上空的巨石與前景的岩石群呈三角形構圖，畫面穩重，突出了視覺中心的佛院。三角形與黃金比例結合構圖，拉開了畫面的層次感，集中表現出了視覺中心。

巨大的佛院護法神浮雕在佛院上空俯視著一切，保護著這片神聖莊嚴的土地。

圖 5-15 是一幅場景練習圖，畫面恬靜悠然並充滿生機。畫面風格為寫實魔幻風格。

其整體畫面色彩氣氛輕快，營造出生機勃勃、春意盎然的小鎮景象。畫面描繪了一個劍士和一個法師徒步從叢林中走進小城的場景，場景整體為三角形加 Z 型混合構圖，突出了畫面中心的城門建築，加強了畫面的空間感和節奏感。

此場景的空氣透視屬於中等較弱的空氣透視。近中景刻畫較細緻，色彩明麗；而遠景較概括，明度較高。其透過對光線的控制形成近暗遠亮，中景遠景中對草地、房屋、天空的處理，豐富了畫面節奏，增強了畫面的空間感與縱深感。

此場景的透視角度採用成角透視，視平線位於畫面下方 1/3 處，即建築與地面草地交界處。平視稍仰的角度對畫面透視感展示性強，透過 Z 型草地道路的引導，將視覺中心引向畫面中人物進城之處。

在近景中，冷色的草木房屋明度較低，一方面拉開了畫面的遠近關係，另一方面給予了近景厚重的表現基調，從而襯托出中景和遠景之明快。近景左邊的草木房屋，顏色明度最低；右側的草木則稍亮一點，拉開了近景中的前後空間，同時豐富了畫面節奏。道路由右下向左上稍微傾斜，更好地將視覺導向中景的畫面中心。

中景為 Z 型草地道路和道旁的樓閣建築。其中城門處為視覺中心，是整個畫面中所占面積最大的部分。畫面中Z型道路縱深了空間關係。前景中的樹枝與中景中的房屋、城門、草地、人物構成了鮮明的點線面關係，豐富了畫面內容。城門的白色房屋與青綠的草地構成中景清新生機的畫面，亮綠色的草地成為畫面的視覺中心。

遠景中樓閣聳立，與中景的城門、房屋之間隔著淡淡的霧氣，遠景做虛化處理，使視覺中心的城門更加突出。左上側明亮的光源與前景中低明度草木房屋在調子上形成鮮明對比，拉開了畫面的層次感，從而增強了整體畫面的光感和層次感。

此場景的精彩之處為中景部分，春意盎然的城門在細節處理上非常到位。道路呈Z型引導視覺中心指向城門；城門建築與前景的草木房屋呈三角形構圖，畫面穩重，突出視覺中

▲ 圖 5-15

心的城門建築。三角形和Z型混合構圖，拉開了畫面的縱深感和層次感，集中表現出視覺中心。

然而，畫面中本應該有熙熙攘攘、善良樸實的村民，畫面中卻只有進城的兩個人，留下了一連串的神秘與故事，引發讀者浮想聯翩。

圖 5-16 是一座戰爭後廢墟城市 的概念設計圖，畫面風格為寫實幻想 風格。

這張場景展現出城市在遭受破壞後奄奄一息、支離破碎的狀態，畫面氣氛冷峻，建築物被破壞嚴重，地面上行走的人為畫面增添了一絲生機，凸顯出了求生的欲望。整體畫面為一個低明度，遠景為冷暖強對比的冷色調，破損的建築在幽暗色彩的襯托下，營造出末日陰冷的氛圍，給人以慌張無助的心理暗示。畫面構圖分為遠、中、近三個景象，增強了畫面的空間感。

這幅場景屬於中等較弱的空氣透視。近中景刻畫較細緻，色彩運用較多，相比之下，遠景較為概括，明度較高。作者透過對畫面光線的把控主觀控制成場景近暗遠亮，遠景天空"暖亮"的顏色打破了沉悶的畫面氣氛，前冷後暖的處理增強了畫面的空間感和縱深感。同時也平衡了畫面，在氛圍上更加的凸顯出戰爭過後的淒涼冷峻。

此場景透視角度採用的是微仰視角度，視平線位於遠景的藍光處，也是劃分天地的中線。這種仰視構圖使場景的視野更加開闊，更能把活動範圍內的景象全部清晰地呈現出來。

近景中，地面和建築物破壞較嚴重，之前完整的街路兩旁現在破碎殘缺。左邊被摧毀的臺階失去了它的整齊，殘骸橫七豎八地堆積在地面上，分辨不出原本該有的模樣，空中通道也失去了原本的筆直，曲折的通道增添了其危險性，給人它隨時會掉落的感覺，這也向觀者清楚地交代了戰爭較為嚴重的災區。近景的顏色整體明度和飽和度明顯降低，在整體色調中

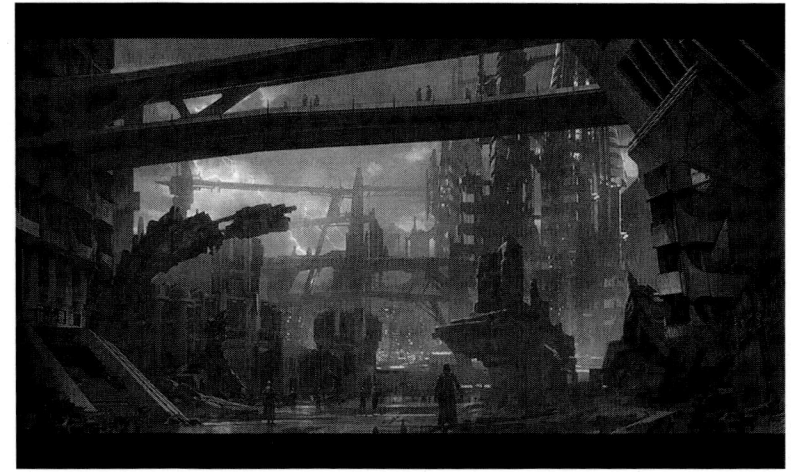

▲ 圖 5-16

偏冷色調，突出了殘缺的凝重氣氛。

中景為一個交通繁忙的城市路段和高樓，其中的高架橋為畫面的視覺中心，周圍的高層建築物結合了未來科技的建築風格，設計感十足的結構也凸顯出了科技災難之後嚴峻的氣氛。在色彩方面其主色為明度較低的藍紫色，與遠景天空黃紅色形成強烈的冷暖對比，使場景頗具景深感。

遠景中歪斜的大廈採用了科技化風格與前景建築造型風格前後呼應。零星聳立著的傾斜條形建築物打破了畫面遠處上方的呆板，畫面左側的建築物與前面傾斜的建築形成了鮮明的疏密對比。

此場景的精彩之處為中景部分，細節和顏色上處理得豐富到位。燈光也照射出戰爭過後殘損的狼藉景象，透露出殘損城市奄奄一息的模樣。遠處的亮光彷彿暗示著新生命新事物的生機勃勃，後方的繁榮景象與前景的狼藉，更加凸顯出城市在戰爭中遭受的嚴重破壞。

圖 5-17 是遊戲中野外橫版過關場 景圖，畫面為卡通 Q 版風格。

其整體畫面氣氛明快，但地面破損嚴重，雜草叢生，展現出戰場在戰後被嚴重破壞、重新煥發生機的狀態。整體畫面是一個高明度、高對比的暖色調，營造出充滿生機、和諧明

▲ 圖 5-17

快的氛圍，給人輕鬆歡快的心理影響。場景整體布局為橫版，構圖飽滿豐富，前中後三景層次分明，增強了畫面空間感。

此場景屬於中等較弱的空氣透視。近中景刻畫較細緻，色彩濃重，而遠景較概括，明度較高。其透過對光線的控制形成景物近暗遠亮，遠景中對天空和雲"亮"的處理打破了畫面沉悶的氣氛，增強了畫面的空間感與縱深感。整個場景是一個高短調的處理，故其對比很強烈。

此場景透視角度採用的是成角透視下的俯視角度，視平線位於畫面主體的道路上。這種視平線構圖造成身臨其境的效果，增強了畫面的空間感，使視野更加開闊。

在近景中，草地上呈現一片散亂狼藉的景象，可看出原本整齊排列的岩石與草地，現在雜草一簇一簇分佈在地表上，地表被破壞出一個深坑，表明這裡曾經是戰爭的受災區，但重新長出的草地與樹根，表明了地表正在漸漸恢復生機。故近景在色彩方面整體明度偏低，色調在整體冷色調中偏冷，以突出逐漸恢復生機但還不完全的景象，前景描繪的物體均較為低矮並未露出全貌，其可以與中景拉開關係。

中景為貫穿畫面中心的道路，其中石板路與草地混合的道路是畫面的視覺中心，為整個場景畫面中占地面積最大的地區。黃色地磚與綠色草地在場景中心的交匯，使畫面有了冷暖的變化，體現了地表在戰後逐漸復蘇的景象。在中景的右側根據路面的視覺引導擺放了一個隧道路口，使用了畫面主體顏色綠色的補色紅色作為隧道主體色加強視覺引導，並且用大塊面的陰影使玩家對下一個場景的未知充滿期待。

遠景處幾座浮空的島嶼，島上建築採用歐式錐形屋頂的建築風格，所運用的顏色與中景隧道入口的顏色保持一致，使用了圓錐形的屋頂與遠山形成了形狀上的統一，遠景豐富了元素但又不顯得突兀，形成了統一又具有變化的畫面效果。其打破了畫面天空與地面直接相交的呆板，遠處的幾片雲彩與島嶼透過遮擋關係，將遠景分為前中後三層並且形成了左疏右密的鮮明對比，畫面疏密有致，使畫面的左上角視野更為開闊，強化了空間關係。

圖 5-18 是遊戲中漢室宮殿的概念設計圖，畫面風格為寫實幻想風格。

其整體畫面凸顯場景氛圍。近處小建築物群的雜亂與大宮殿整體劃一性形成鮮明對比，體現出視覺中心的恢宏、氣勢磅礴。大宮殿與小閣樓建築群的規模和大小對比體現出力量、權利壓迫的對衡。藏匿在深山中與世隔離的建築群，有種得天獨厚的神秘感與氣魄。整體畫面是冷色調，頂冷光直觀地照在宮殿簷瓦上，畫面下半部分打了一個暖光，增強了冷暖對比。營造出壓迫的氛圍，給人造成動盪與不安的心理影響。場景整體佈局為標準的"金色螺旋"構圖：這是一個非常漂亮的構圖，可以用來強調宮殿這一建築主體，有效引導觀者視線。

此場景屬於中等較強的空氣透視，近中景刻畫較細緻，色彩濃重，而遠景較概括，明度較高。筆法虛實強弱的對比突出畫面層次。圖中對遠景"天空"明度以及"遠山"山峰亮部的處理，都是為了提亮畫面。這些元素打破了畫面沉悶的氣氛，增強了畫面的空間感與縱深感。

此場景透視角度採用的是兩點透視下的仰視角度，視平線位於畫面主體建築物的門柱之間。這種仰視構圖使場景建築顯得宏偉高大，使總體面貌與景物得以清晰地展現在畫面上。

在近景中，低矮小建築群的單薄呈現出壓抑的氣氛。故近景在色彩方面整體明度偏低，色調在整體暖色調中偏冷，以突出其蕭索的壓抑氣氛，前景描繪的建築均較為低矮，可以與中景拉開關係。近景的鐵索橋在畫面中發揮破形和引導視線的作用，有效地提升了畫面的空間感，使畫面更加有層次，從而將觀者的注意力引到畫面中。水的表現上，用碎的輪廓線的方法很好地表現了水的流勢。中景以一座漢室宮殿建築為主體。宮殿作為畫面的視覺中心，是整個場景畫面中所占面積最大的建築物。其採用對稱

▲圖 5-18

式結構，造型上多處運用木結構、磚瓦、夯土、石建築元素，加之以現代軍事科技元素（飛船、環形索道、電源線路），體現作者別具匠心的創作思維，給觀者更多想像的空間。

遠景的內容以聳立的山石和天空為主，體現空間透視的畫面效果。遠景的天光透過雲層產生由遠及近的明度變化關係。整個遠景零星地聳立著幾座高高的山石，營造出靜謐、荒蕪的氛圍。

此畫的精彩之處在於：當觀者欣賞此畫時，習慣將視線從左下角進入，順著"黃金螺旋線"的視覺引導，透過畫面中後停在宮殿上（"黃金趣味中心點"），此場景的精彩之處就在這一點上，細節處理上豐富、疏密到位，盡顯空寂、神秘的氛圍。

圖 5-19 是遊戲中一座中國風城堡的概念設計圖，畫面風格為寫實幻想風格。

其整體畫面氣氛緩和，建築物高聳藍天，四周漂浮著附島，展現出神秘莫測的城市形象。整體畫面是一個中等明度、對比較強的暖色調，營造出日落時分天空漸漸變暗的氛圍，結合前景的事物，給人營造出無限的遐想。場景整體佈局為 L 型，使構圖的視覺中心向中間靠攏，以突出主體物。

此場景屬於中等較弱的空氣透視。相對來說近中景的刻畫較為細緻，色彩沉穩，而遠景較概括，對比較弱。透過對光線的控制和物體的遮擋關係形成景物近暗遠亮，遠景中建築物和背景的對比打破了畫面單一的氛圍，增強了畫面的空間感與縱深感。整個場景是一個中長調的處理，故其對比強烈明亮。

此場景透視角度採用的是平角透視下的相對平視角度，視平線位於畫面 1/2 以下，即天空與地面的交接線處。這種低視平線構圖使場景視覺位置更高，整體面貌和景物更加清晰完整地展現在畫面中。

在近景中，主體物是一位戴著草帽、圍著鮮紅長條圍巾、手持雙劍的劍客形象，周圍場景雜草叢生，地面的道路已經不能清晰辨別，右側還有參差不齊、破爛的旗杆，表明這是一個人煙稀少的地方。故近景在色彩方面整體明度偏低，色調在整體冷色調中偏冷，以突出其身處暗部的壓抑氛圍，前景描繪的物體占畫面的很小一部分，其可以與中遠景拉開空間，突出主體。

中景為一座石橋，連接畫面左右兩側，使其在近景和中景上有所聯繫。中景左側的一座建築物和遠景的建築群也產生了呼應。塑造上從右的實逐漸到左的虛，虛實對比關係漸漸變弱，其空間距離感也充分地表現出來。在右側與日光相容的地方也是畫面中的一個亮點，在光照下長在石頭上的小草、苔蘚清晰可見，突出了近景的實，也為畫面增加了可看性。在色彩方面其主色為明度很低的冷藍色，與遠景的黃色、紅色產生冷暖對比，使場景具有強烈景深感。

遠景為整個畫面的視覺中心，在山石上修築的建築群高低有致，前後、大小、聚散等關係也清晰地表現出來，節奏感十足。其上所運用的中國風建築元素與中景建築造型風格一致，形成了統一又具有變化的畫面效果。緊密複雜的建築打破了直上直下的呆板，上下緊密中間簡單的設計，使畫面疏密有致。

此場景的精彩之處為遠景部分，細節處理上豐富到位：具體體現在山石上清晰的棧道、浮島上的流水圍繞城市飛翔的鳥類、飄搖的錦旗等，使畫面豐富又不失整體，充滿細節看點。

▲ 圖 5-19

三、介面賞析

▲ 圖 5-20

▲ 圖 5-21

圖 5-20 是一款以中國西游修仙為題材的 Q 版卡牌遊戲《迷你西遊》的物品介面。此介面主題明確，設計簡約時尚，質感輕快，色調清新和諧。

此介面上部由狀態列與通告欄組合而成，狀態列內由體力值與活力值、金錢以及充值獲得的元寶等部分構成，底板以玉石的綠色調為主，運用卷雲紋的表達形式結合玉石的材質，強調其玉石質感的真實性，區分狀態列與通告欄的層級關係。

中部由物品欄與寶箱欄構成，底板採用輕薄質感設計，加入少許紋樣，弱化紋樣質感表現，減少視覺幹擾，擴寬玩家的可視範圍，達到了更好的交互效果。圖示使用欄運用中國古代玉石材質的特點，通透、圓潤，與雕花紋樣相結合，使扁平化的介面具有透氣感。在不影響介面功能的情況下加入適當中國文化的紋樣工藝使介面更具趣味性及可點擊性。

底部由一級主頁圖示與二級物品、裝備、法術圖示組成，一級圖示底板以玉石吊墜結合卷雲紋設計襯托一級圖示，在視覺上，對比二級圖示，擬物化設計的按鈕底板更具點擊性。一級圖示以黃色為主色調，運用 Q 版繪製的表達方式，強調視覺效果。二級圖示運用剪影結合玉石質感的表達方式，弱化視覺效果，使二級圖示風格與整體介面風格相得益彰，並有效區分不同層級圖示之間的關系。

此介面不足之處在於，上部通告欄處於體力欄之下，給人視覺感受較為擁擠。中部物品使用欄的分塊切割感較重，弱化了資訊的傳達。下部二級圖示的物品圖示識別度較弱。

圖 5-21 是一款在 iPad 平臺運行的 MOBA 遊戲《永恆命運》的商店界面。此介面主題明確，設計美觀簡潔，細節處理精細準確，以具有現代感的暗灰色調為主，色調沉穩和諧。

此介面上部由人物狀態列構成，狀態列從左往右內由綠色生命值、藍色法力值、攻擊傷害值、防禦值和金幣值構成，底板以大面積的深灰色為主，用微妙的黑色漸變表現出介面效果，主要採用了砭石細膩、厚重的質感，突出了介面簡潔、莊嚴的基調。

中部由左方的裝備欄、商店物品展示欄與右上方的物品圖示合成欄（BUILDS INTO）、右下方交易欄構成。底板採用深灰色，此設計可增強厚重感和質感，採用漫反射表現方

第五單元 遊戲美術作品賞析　101

式，拉大視窗與圖示的色相對比度，弱化視覺干擾，凸顯出圖示的可點擊感。裝備欄中，整體按鈕採用浮雕的表現方式，而圖示採用凹陷的方式，使之在不影響介面整體協調性的基礎上有所變化，達到豐富介面的效果。商店物品展示欄上顯示色彩豔麗的物品圖示，提示玩家按需求選擇購買物品。每個物品圖示右方有詳盡的物品名稱及屬性說明，且下方標明售賣金額，簡潔直觀，符合大眾閱讀習慣。物品圖示用高飽和度加上相對豐富的色彩，與底板的暗灰色調形成強烈對比，增強了圖示的辨識度，提升了玩家對介面的可控性。對於多點觸控的 ipad 而言，物品交易欄中，佔一定面積的交易按鈕拓寬了玩家的點擊範圍，有效減少了玩家由誤操作帶來的損失。

底部由物品圖示組成，圖示下方的阿拉伯數字清晰明白地顯示已購買物品數量，用以提醒玩家合理支配金幣值，實用性很強。黑框表示當前空缺，可購買添加物品。點擊所選物品圖示時介面呈現黃色金屬邊框，非點擊狀態時呈現銀白色金屬邊框。簡潔的金屬邊框與整體介面風格相得益彰。

該介面不足之處在於，上部右上角的退出介面按鈕與底板區分度太低，辨識度不夠，影響玩家操作。中部左方的裝備欄與其右側商店物品欄的層級關係不明顯（如狀態列中黃色五角星與其子級商店物品展示欄分割感過重，弱化了二者之間的關聯性，不利於資訊的有效傳達，建議採取頁簽的形式）。介面整體分區方式、圖標、按鈕重複採用規整的方形設計，給人以生硬、呆板的感受，缺乏一定的趣味性。

圖 5-22 是一款角色扮演遊戲《地牢獵手 4》的技能介面。此介面主題明確，設計簡約復古，色調和諧統一，透露出古典歐洲氣質。

此介面上部由返回（Back）、商店（Shop）、倉庫（Inventory）、

▲ 圖 5-22

技能（Skills）、角色（Characters）、世界地圖（Worldmap）、製作（Craft）、設置（Settings）按鍵圖標構成，底板以古舊的褐色調為主，運用石頭的磨舊紋理，增強了介面的戰爭感。這些按鍵圖示設計與刻畫都非常形象，識別度高。

中部由技能圖示部分與技能分配欄部分組成，底板採用與上部同樣的褐色調與石頭磨舊的紋理，增強畫面的協調感，並且使整個畫面更為古典與滄桑。底板中間部分空出大比例的淺色且紋理極少，意於拓寬玩家的可視範圍，減少視覺干擾，而達到更好的交互效果。技能圖示採用金屬邊框，簡約的方形略加起伏的弧線，配上簡單的材質塑造，使玩家更加清晰明白地辨別各個技能。未解鎖的技能使用灰色邊框且右下角帶鎖，將"未解鎖"的資訊更加直觀地展現給玩家，加強了介面的交互性。右側技能分配欄則採用破舊牛皮紙作為底板，強調了這部分是玩家用來分配與排列的。分配欄中的圖示邊框採用石頭材質，並且分佈著各種刮傷的痕跡，表現出放在這裡的圖示是要去戰場經常使用的。分配欄的圖示邊框比其左側技能欄圖示邊框的規格更大一些，明確地區分了兩部分的重要程度，同時提醒了玩家要謹慎地決定分配即將使用的技能。

介面底部右側為剩餘技能點數（Unspent skill points）提示的部分。與技能分配欄同樣使用破舊的牛皮紙作為底板，意在告知玩家，這部分也是要經常注意的。此款遊戲的技能點數決定著技能的分配，此遊戲界面的設計重點與遊戲重點高度契合，實用性強。剩餘技能點數的上部還有"你可以轉動命運之輪，贏取技能點數！"的提示，非常貼心，使玩家操作起來更加得心應手。

此介面的不足之處在於，上部常用圖示沒分主次，看上去都是均等級別並且設計刻畫程度也都一致，使玩家不好順手操作常用鍵與功能鍵。返回鍵、設置鍵等常用鍵可以簡化設計、減弱刻畫、減少面積；商店、倉庫、技能、角色、地圖、製作等功能按鍵應與常用小按鍵有所區分。

圖 5-23 為一款以科技機械為題材的美式風格遊戲《荒野星球》的英雄資訊介面，此介面主題明確，設計簡約，質感輕快，整體色調偏暗。

此介面左邊為英雄資訊選項列表，面板由上下兩部分與其子介面三部分構成，上部主要由兩個不同屬性的按鈕組成，橙色為非點擊狀態下的

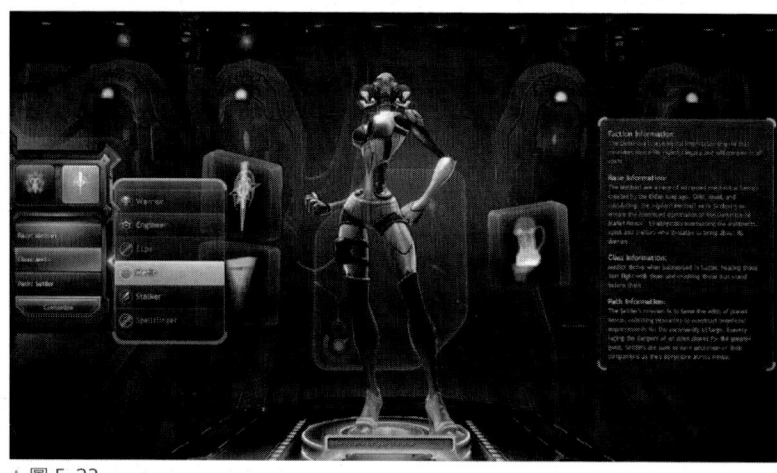

▲ 圖 5-23

▲ 圖 5-24

按鈕，藍色為點擊狀態下的按鈕，下部為按鈕點擊狀態下展示的選項面板，由選項清單與定制按鈕組合構成。底板以厚重的金屬材質為主，突出了此處為整個面板的重點部分，選項清單和按鈕運用透明的玻璃材質，選中的選項採用漸變的顏色，與其他選項發揮區分的作用，定制按鈕採用金屬邊框的造型，突出了其可點擊性和功能性。

選項清單介面彈出的子介面，運用箭頭與左邊的選項清單相銜接，代表此介面是由左邊的點擊狀態下的按鈕彈出。清單選擇運用橙色表示按鈕的點擊狀態，發揮了與其他未選擇的選項進行區分的作用，突出了其功能性。圖示採用剪影的形式，科技感的元素造型，與整體介面搭配統一。

右邊為英雄資訊面板，底板採用與介面統一的透明玻璃材質元素，邊角處的設計打破了底板的單一，整體設計簡單，主要突出文字資訊。

中部由半透明的底板與幾個立方體的物品欄構成，底板質感輕薄，加入少量科技元素，豐富了視覺效果。物品欄運用立方體的造型，使物品放入其中，其可旋轉，玩家可從多角度觀看物體。整體的懸浮效果，與其他介面拉開了空間關係，增強了空間的縱深感。

介面底部是玩家為英雄角色命名的面板。採用玻璃質感的底板與金屬質感的裝飾物為主，文字資訊輸入欄採用與底板對比較深的顏色，強調了此處可輸入文字的功能。

圖 5-24 為一款經營策略類戰爭手遊《部落衝突》的遊戲主介面。此介面主題明確，設計風格清新，材質種類豐富，色彩絢麗和諧。整套 Q 版半寫實的美術風格深得玩家喜愛。

此介面構為圖示欄半包圍遊戲畫面的形式。此遊戲畫面的主體為介面中間的部分，是玩家自己建立的村莊，是遊戲的主要操控部分，四周的介面主要發揮協助工具的作用。介面半包圍遊戲畫面，所顯示的各類功能區及資訊欄，大小安排位置得當，使玩家在進行遊戲時，視野不受到遮擋，能夠遊刃有餘地操作自己的村莊，並實現對遊戲介面操作的準確性。介面的狀態資訊欄設置在遊戲畫面的上方，更好地區分了介面的層級，使介面飽滿並具有條理。

此介面的上部為玩家村莊的狀態資訊欄。狀態列左側為玩家的等級及獎盃數，等級圖示位於經驗條之上，玩家可以清晰地看到當前等級及經驗成長值。狀態列中間部分為村莊的即時狀態。其中建築工是玩家建築村莊的唯一途徑，建築工頭像採用與遊戲畫面一致的 Q 版表現手法，人物造型輪廓清晰，特徵明顯，表情有趣，具有可辨識度的同時又增加了畫面的生動活潑感；護盾對應顯示的是玩家村莊的保護時間，銀色盾牌使用概括的手法，簡單地塑造強化了盾牌的金屬質感。放大的工人圖示和盾牌圖示使玩家更清晰地瞭解村莊的當前狀態。右側為村莊當前的金錢、聖水、黑油、寶石的數量，金色的金幣、紫色的聖水、黑色的黑油、綠色的寶石等 每個小圖示的顏色都純粹、鮮明，使狀態的表現更加直觀、明快。

介面左側的圖示欄為玩家操作欄，包含聯賽、聊天、部落站、消息和進攻圖示。圖示統一的橙色底板和果凍材質使操作欄更加統一，同時與其他功能欄的圖示加以區分。橙色是最明顯、最引人注目的色彩。該欄的圖示主體物顏色均為米黃色，與橙色底板搭配和諧。操作欄設置為橙色底

板，給玩家一種活潑的感覺。圖示右上角的小數位圖示給玩家提示當前未查看的資訊，醒目的紅色增強玩家的緊張感和點擊欲。進攻圖示比其他圖標規格更大，可增強玩家對戰爭的渴望與熱情。圖示大小的不同也意味著對玩家的重要程度不同。

介面右側圖示為資訊欄。佈陣、成就、設置和商店圖示的設計均為白色半透明底板和果凍材質，白色底板襯托出了彩色圖示的功能資訊。佈陣和設置圖示的主體用簡潔的形狀設計和平面的塑造方式加以弱化，使成就和商店圖示更加突出。商店圖示與左側操作欄中的進攻圖示使用同樣大的規格，使玩家對商店的重視程度與對進攻的重視程度同樣大，白色底板的商店也意味著玩家要理性消費。

圖 5-25 是一款集換式寫實卡牌類遊戲《爐石傳說》的功能性介面。此介面主題明確，設計簡約復古，色調和諧樸實，顯示出歐洲中世紀魔幻色彩。

此介面整體被設計成翻開的卡牌收集盒，整體刻畫為木質的收集盒，有著磨損的痕跡，符合遊戲的時代特點，右側一欄設計為放置已選卡牌，中心設計為遊戲勝負反饋及開始下次遊戲，整體風格符合遊戲卡牌主題，富有趣味性，突破了傳統卡牌遊戲界面的佈置。

"競技模式"設計為鐵質徽章狀，細節刻畫豐富，字體顏色與背景區別較大，凸顯出其提示性功能，與右側的"競技模式套牌"設計相區別，表示"競技模式"為主要功能區，"競技模式套牌"為次要功能區，使玩家能夠清晰明瞭地知道每塊區域所代表的含義。

介面右部為"競技模式套牌"區，由所選卡牌、所選卡牌數、返回按鍵構成。此介面區域整體位於畫面前景部分，與凹陷下去的功能區相結合，具有很強的層次感。底板顏色以棕色為主，運用木質破損質感體現出其久遠性，藍灰色的卡牌介面與周圍色彩相區別，以吸引玩家的注意力。

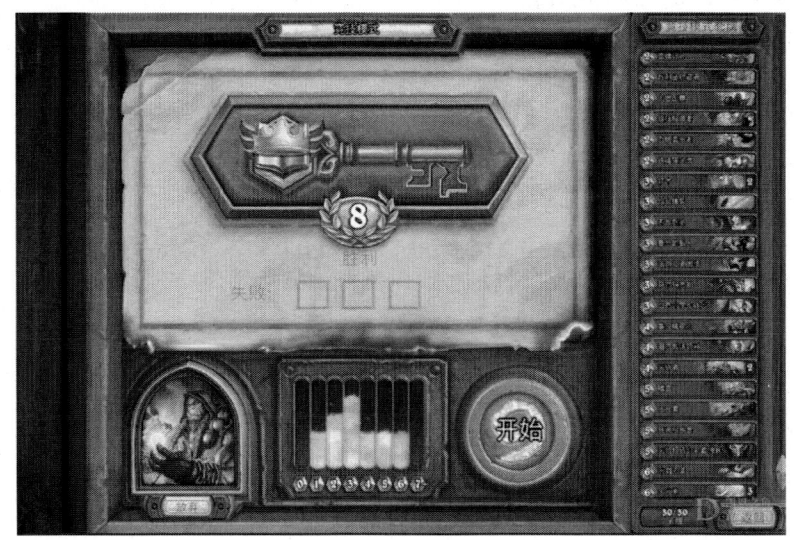

▲ 圖 5-25

清晰明瞭地顯示所選卡牌的等級、名字、樣貌，便於玩家集齊並更換卡牌，右側可以移動的浮標便於玩家查看所有的卡牌，符合操作規律。卡牌左側數位為使用卡牌所需消耗的行動點，右側數位為選擇同種卡牌數；消耗行動點數設計於藍色的寶石之上，寶石代表了行動點，能夠直觀地向玩家表明所需消耗的點數，右側卡牌數設計成抽屜式，在卡牌下方，色彩上與左側相區別，字體顏色明亮，使玩家不會混淆數字的含義。

介面中部分成上局遊戲勝負反饋以及下局遊戲預備兩大功能區。上局遊戲勝負反饋區設計為一張磨損的牛皮紙，邊角上有正在燃燒的火焰和燒焦的痕跡以及折痕，增加了介面的年代感和趣味性，整體顏色相對於周邊比較明亮，運用紫色和黃色互補色，引人注目，使玩家結束上一局遊戲後能直觀明確地瞭解到自己的勝負成績。中心突出一把放置在紫色錦盒上的鑰匙，鑰匙頭為玩家所獲獎牌，設計上精緻豪華，給玩家以愉悅的視覺感受，刺激玩家繼續開始下一場遊戲。

介面中部下方為下局遊戲預備區，置於整個介面的最底層，運用鐵鏽的痕跡凸顯出時代的久遠性，與臨近的木頭、紙張的材質相區分，使畫面材質豐富而不單一。所選人物卡牌展示欄設計為金色邊框的拱形窗，下側的"放棄"功能鍵顏色突出，整體位於人物欄之上，突出其重要性，便於玩家對於角色的選擇。中心代表所選不同消耗點數的卡牌數量，火焰的高度便代表了消耗點數不同的卡牌數量，下方藍色的寶石及數字與火焰顏色相區別，使玩家直觀地瞭解到火焰高低的含義。開始遊戲的按鈕設計為圓形，周圍向裡凹陷，中部向前突出，中心鑲嵌有勾玉狀的符文，藍色的魔法特效晶瑩剔透，向四周微微發光，"開始"字體加大，用黑色的線加粗，使其更加吸引玩家的注目，以顯示其重要性。

介面的不足之處在於，介面分佈整體偏右，左側一欄不明其意，有大量的空白位置，以至於在視覺上使玩家感覺右側區域十分擁擠。整體刻畫在材質上不夠精緻，主次不突出，畫面顯得較為平均。

圖 5-26 為一款休閒 Q 版手機遊戲《布丁怪獸》的通關介面。此介面採用扁平化的設計手法，在圖形的運用上凸顯了漂亮的視覺效果，帶給人童趣，色調溫暖活潑。這樣的介面給玩家傳遞了關於遊戲的輕鬆氛圍和老

▲ 圖 5-26

少皆宜的遊戲適齡群體的資訊。

此介面的底層是大面積放射狀線條，用以表達星星向四周散發出的光芒。為使整個背景不沉悶，介面中加入了明度稍微高一些的五角星，用以打破簡單線條所帶來的單調。運用黃色和橙色採用過渡手法可以使介面的底層不過於突出。因為底層的面積最大，黃色和橙色的顏色搭配也為遊戲營造了一種歡樂活潑的氛圍。此款界面在四個角落的地方採用了圓弧的形狀，顏色上是一個棕色的過渡。圓弧的形狀給予玩家安全感、童趣感。棕色的過渡是一個小面積的層次疊加，以豐富畫面。

中層分為上下兩個部分。下部分是晉級星星的數量欄，由純度較高的黃色五角星和漸變的紅色柱狀兩個形狀構成。配合底部的放射形狀，星星的柱狀從中間向兩邊散開，這樣處理更容易產生透視，有拉長柱體的效果。上部分是一個圓形中包含一個圓角方形的圖案。圓形分為兩個部分，邊緣是一圈明度極高的黃色，再加上外圈的兩條重色，這和底層明顯地分化了出來。內部是一層明度相比與底層的黃色稍微高一些的透明黃色，在整個圓圓的形狀的基調下，有一種透明果凍的感覺。圓角方形是怪物頭的一個標誌，紅色的顏色處理顯得醒目，形狀不一的一圈白色的眼睛把怪物頭的這一區域打破。方圓的對比，介面節奏的變化，使這一區域顯得跳躍。

上層是介面的選擇欄，包括選單、返回和前進，屬於玩家可點擊區域。此介面的上層是三個不規則的藍色圓形和白色條狀組成的功能形狀，藍色的運用使底層和中層的暖色具有顏色的對比。功能表、返回、前進按鈕 運用簡單的扁平化圖形，使玩家一目了然，便於識別。

介面的不足之處在於，麥穗和王冠的標誌位置略有不當，左下部大面積紅色和文字的配合略顯突兀。

圖 5-27 是一款 3D 魔幻網遊《激戰 2》的商販和人物裝備預覽介面，此介面主題清晰，設計偏扁平化。

此介面運用扁平化設計，在設計面板上運用了透明水墨質感的表現手法，使資訊的傳達更加準確和直觀。

此介面上部由設置欄和右上角的工作列組合而成，設置欄由設置、私信、背包、好友、坐騎等部分組成。底板以遊戲畫面的黃色調為主，利用遊戲畫面底板的水墨材質和遊戲畫面作為背景進行對比，區分遊戲背景和介面的層級關係。

中部由左側的商店欄和右側的裝備預覽欄構成，底板採用半透明的水墨作為重色設計，加上亮色的條狀對比，給畫面增強了層次感和透氣感，達到了更好的視覺效果。圖示使用欄運用了傳統的寫實塑造方式，運用物品的材質來區分物品的等級。

底部由左側的通告欄和聊天框、中部的技能圖示和右側的地圖構成，左側的通告欄依舊採用透明的底板，透過文字的顏色與遊戲畫面做出區分。中部的技能圖示底板採用簡潔的外框，圖示採用強烈的色彩，在視覺上，統一以紫色調為主色調，與底板的灰色進行區分，達到強烈的視覺效果，使技能圖示和整體風格保持和諧統一，從色彩上進行層級圖示之間的區分關係。右側的地圖同樣從色彩的明度與遊戲背景畫面進行層級的區分，從視覺上平衡整個畫面。

此介面的不足之處在於，扁平化的設計使介面缺少層次感。上部的設置欄圖示感覺太小，不太利於點擊交互。中部運用了重色和亮色的對比，英雄的裝備預覽效果不夠清晰。下部的技能圖示的選中狀態識別度較低。

圖 5-28 是一款歐美休閒益智解謎類遊戲《小賊物語》的遊戲界面，為 Q 版介面風格。此介面主要採用扁平化設計，

▲ 圖 5-27

第五單元 遊戲美術作品賞析

整體風格明確、設計簡潔大方、乾淨整齊、質感輕快、色調清新。

此介面可以分為上中下三層，上層主要由 5 個關卡選擇欄構成，每級關卡欄都設計為圖示加木框背景 的基本樣式，對於已通關的圖示設計 為動物或食物等其他豐富的樣式。在 整個關卡欄的所有元素設計中都使用 Q 版的表現手法繪製，保持了與整體 介面風格的統一，增添了整個介面的 趣味性，更好地營造了遊戲輕鬆的氛 圍。中層則由分佈在介面邊框左右兩 側的"返回"和"前進"按鈕和分佈 在頂部兩側的"主頁"和"寶箱"圖 標構成，"主頁"和"寶箱"的形象 用簡化的城堡和寶箱的外輪廓樣式來 表示。底層則由介面頂部的遊戲主題 LOGO 和位於介面中部的遊戲迴圈動畫區組成。LOGO 居中放置的設計打破了頂部規整邊框的限制，不僅使整個介面看起來更加生動活潑而且使遊戲 LOGO 也更為醒目。整體介面在材 質上，也使用木紋材質來體現，保持 了整體介面的材質統一。

此介面的不足之處在於，底部的關卡設計欄給人視覺感受較為擁擠，且不易區分選中放大後和未選中保持原大小的關卡按鈕，識別度較弱。

圖 5-29 是一款過關卡類的 Q 版遊戲《推幣機》的寵物收集介面。此界面主題明確，設計簡約時尚，質感輕快，色調清新和諧。

此介面是一個整幅的介面。介面背景用紫色為主的單色進行描繪，色彩對比較弱，突出前面的主要操作界面。背景畫面運用了符合遊戲畫面風格的簡單卡通圖案，使整個介面和諧而不顯單調。

主要操作介面為"寵物收集"介面。其整體採用了扁平化的設計，給使用者以直觀明瞭的視覺感受。整體介面弱化了材質和紋樣的表達，使其顯得乾淨整潔並且突出了功能性 圖示。在色彩運用上，相對於介面背 景，"寵物收集"介面採用了飽和度 高的藍色作為面板的主色，與介面背 景拉開了層次關係，並突出了介面的 主次。"寵物收集"介面中顯示了所 有的功能圖示。在上部分的左邊，使 用了文字，提示介面的主要功能；在 顏色上運用對比色來突出所傳遞的文 字資訊。右邊為金錢和寶石數量的信息欄，邊框採用邊角圓潤的正方形，與整體介面風格相統一；圖示採用概括、誇張的表現手法，強調了物體的外形，並使用純度較高的色彩鋪設其固有色，使圖示的輪廓清晰，辨識度較高。下部分集成了"返回"和"抽獎""禮包"等圖示，都是採用飽和度較高的色彩和突出的設計，具有點擊性，並且更容易引起玩家的注意力。而禮包圖示採用的是明度較低的顏色，和其他的圖示形成對比，突出圖示的不可點擊性。

在介面最頂層的部分，則是整個介面最重要的寵物收集部分。介面寵物的圖示運用了圓形圖示，與其他圓角正方形圖示進行了區分。不可收集的寵物圖示的下方都採用了鎖型符號，表示為未解鎖的含義。鎖在顏色上也有由淺到深的色相變化，提示寵物等級由低級變高級。在最高級寵物的圖示中加入星級和翅膀等紋樣，用以區分其特殊性。寵物收集圖示都以藍色為主，解鎖的寵物圖示採用了飽和度較高的顏色，使其與未解鎖的區分開來，並突出其可點擊感。

圖 5-30 是一款經營策略類手機遊戲《部落衝突》的戰鬥資訊介面，其 設計簡單明瞭，質感輕快，色調清新和諧。

▲ 圖 5-28

▲ 圖 5-29

此遊戲畫面以重灰色調為主，利用強烈的明度對比加強層次關係，並且使用重色的邊緣強調面板的厚度，強化面板的體積，以區分了遊戲畫面與功能介面之間的層次關係。

介面採用的是"便簽"的設計思路，區分開了"防守日誌""進攻日誌""收件箱"三欄，使玩家更清晰地分辨出正在點擊的介面。此面板由白色與紅灰色構成，並均勻排列著三塊矩形紅灰色面板，用來強調和區分面板資訊，減少視覺干擾，以達到更好的交互效果。

介面上部的圖示使用遊戲角色頭像，更為直觀地表現對手進攻玩家時所使用的兵種資訊。紅灰色面板下方的"金幣"以及"聖水"的物品圖標採用飽和度高於面板的黃色與紅色，有效地區分了面板和圖示的層次關係。人物和圖示的顏色在飽和度以及色相上相一致，使人物圖示和物品圖示顯得和諧統一，避免了資訊過多而產生的雜亂零散。介面按鈕由藍色（分享視頻）、綠色（重播）、紅色（復仇）三種的按鈕組成。利用區別於中部與底部的玻璃材質，使其以質感上的不同減少玩家的視覺干擾。按鈕使用了紅綠藍三基色，雖色相差異較大，但可在色彩純度與明度上做相應的調和，以使整體色彩和諧統一。材質上使用了通透的玻璃，與中部、底部面板的紙板材質做到了區分，使整體介面顯得更具透氣感，材質上的豐富也增加了介面的觀賞性與按鈕的可點擊性。

圖 5-31 為一款手機遊戲《刀塔 傳奇》的競技場介面，作為遊戲中的競技場介面，它所承載的功能是引導玩家在遊戲中與其他玩家進行對戰互動，幫助玩家快速瞭解遊戲中與玩家對戰的資訊。

作為遊戲的競技介面，此介面設計較為合理，秩序感較強，介面美觀簡潔，整體色調較為和諧統一。

此介面的組成部分由競技面板，頂部的貨幣、體力圖示和功能表圖示，

背景畫面構成。介面以競技面板為主要部分，主題明確；競技面板為黃色調，顏色明度較高與背景形成對比，使兩者在介面中拉開了層次；競技面板採用較為厚實的材質，凸顯其真實性，增強了競技面板的視覺效果。

面板外邊框是由較為厚實的材質固定，搭配凸起的石塊，點線結合，以增強面板的趣味性，使面板更加突出，減少其他部分對玩家的視覺干擾。競技面板作為此介面的主要部分，其由第一層"我的排名"欄、第二層"防守陣營"欄以及第三層的被挑戰玩家資訊和更換資訊組成，層次較為清晰。"我的排名"欄在面板中採用了黃色作為板塊背景色，按鈕使用棕色，排名數位採用了對比色藍色，色彩的明度和純度較高，突出了所傳遞的數位資訊。第二層和第三層中的頭像圖示色彩較為豐富，打破了背景統一為棕色調的單調感。

此介面的不足之處在於，競技面板與頂部的貨幣等圖示沒有明顯的層次關係，會干擾玩家對介面信息的獲取。競技面板中第一層和第二層的設計較為擁擠，減弱了介面對玩家的資訊引導，因此在介面設計中，應避免顯示重要資訊的板塊間過於密集，便於玩家清晰地瞭解資訊。

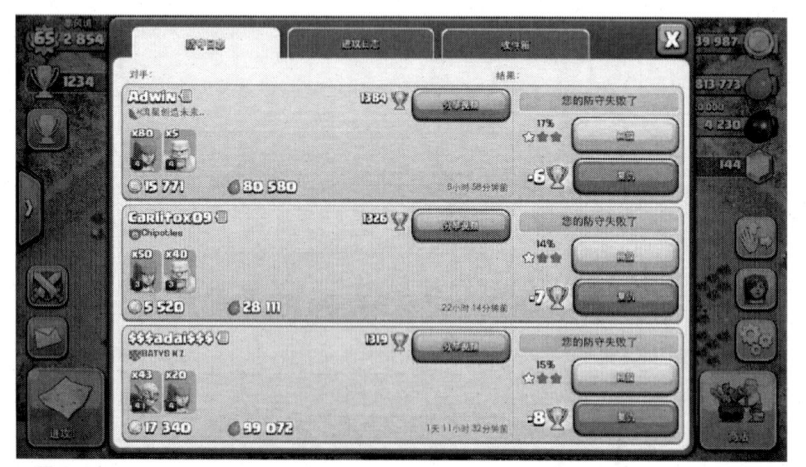

▲ 圖 5-30

▲ 圖 5-31

圖 5-32 是一款經典即時戰略遊戲《星際爭霸 2》的登錄介面，為幻想類風格。介面整體色調低沉，以暗色為主，主題明確，採用機械邊框設計搭配按鍵，使介面設計簡約精美，質感厚重，科幻背景更加明確。

遊戲畫面較為宏偉大氣，科幻色彩濃厚，為了更好地與遊戲的整體氛圍相統一，此介面在色彩方面以黑色和冷藍色為主，在個別按鈕邊框及背景圖片上使用了對比強烈的金色做點綴，使遊戲介面風格統一且細節豐富，其中色彩的運用符合一貫對科技事物的見解。此介面針對的大部分是男性玩家，在整體介面的板塊佈局上，採用了不同大小的長方形作為不同功能面板的基礎形狀，注重條理性及實用性；邊框材質上使用重金屬和鉚釘，與虛擬藍屏按鈕的材質相結合，使介面能夠給玩家以沉穩又靈活的視覺體驗。

此介面上部為主要資訊欄。其中左半部分是玩家選擇多人遊戲和單人遊戲的選項按鈕，左下部分是功能性按鈕，每個按鈕的材質都為虛擬藍屏，並散發著藍色光暈，體現質感，增強按鈕的可點擊性；按鈕採用了藍色色調，與遊戲畫面風格形成統一。右邊是玩家頭像和玩家資訊欄，人物頭像放置在方正的藍色邊框內，資訊顯示簡潔，使玩家能夠一目了然。中間是星際爭霸的英文名稱標誌，其總體採用了機械寫實風格，以金屬作為主要質感，並將金屬表面處理成斑駁的效果，以增加材質的真實感與厚重感，在豐富畫面的同時凸顯出了遊戲的名稱與畫面風格。

此介面的中部是文字資訊顯示欄。以遊戲主角臉部特寫作為背景畫面，突出了遊戲主題。主角身穿太空服，在暗淡的環境光下，主角臉部上藍光與黃色金屬反射光的對比，加強了角色臉部的特寫及金屬效果，在整體介面中發揮了豐富畫面、烘托氛圍的效果。背景左邊以深藍色為主色調，其色彩深沉、對比減弱，以凸顯文字內容，使玩家能夠更清晰地獲取資訊。

介面底部是聊天欄，用以選擇和顯示與不同的玩家進行聊天。選擇聊天物件後，聊天視窗顯示在整個介面的右下角。聊天視窗面板設計簡潔，資訊傳達清晰，使玩家之間能夠進行方便快捷的互動。

▲ 圖 5-32

四、圖示賞析

圖 5-33 是一款掃雷式戰旗 RPG 遊戲《地下城逃脫》的物品圖示。此圖示基本形態為斧頭，物體色調以藍色調為主，黃色調為輔，與背景藍色調之間差異性小，色調和諧統一。在視覺識別性上，此圖示辨識度高。

此斧頭屬於攻擊類物品圖示，為 Q 版造型，斧頭構圖採用 45°角透視，對斧頭進行繪製運用了寫實的表現方法。

物體造型塑造上，斧頭構圖飽滿，結構清晰，構圖採用 45°角透視，刃部寬闊，弧曲度大，兩腳稍稍內扣。斧背處尖銳的鉚釘破石頭而出，增加了斧頭的攻擊力度以及破壞程度。刀刃處、斧中軸部以及手柄處的華麗設計，體現出斧頭圖示為中等級別。斧頭以及手柄上的裂痕，突出斧頭經常處於戰鬥中，使用價值高。

物體質感表現上，主要使用石頭材質，著重表現斧頭的重量感及攻擊性，金屬與寶石的設計，弱化了石斧的笨重感，增添了斧頭的質感，對斧頭整體發揮了修飾與美觀的作用，豐富了視覺感受。

背景運用模糊的繪製手法，突出背景細微光效的變化，與前景細緻描繪的石斧在空間上拉開距離，使石斧形狀與圖示功能顯而易見。

此圖示的不足之處是質感表達不夠準確，斧背上尖銳的石制釘子反光與高光過於強烈，並沒有突出石頭的粗糙質感。

圖 5-34 是《地下城逃脫》的物品圖示。此圖示基本形態為石錘，整體色調以黃色調為主，紅色調為輔，主色調與背景紅色調之間差異性小，色調和諧統一。在視覺識別性上，此圖示辨識度高。

此圖示屬於攻擊類物品圖示，以 Q 版造型方式為主，運用寫實的表現方法和黑暗的歐美畫風對石錘進行繪製。

在物體整體造型塑造上，構圖飽滿，結構清晰。採用 45°角透視，增強視覺衝擊力和形式感。石錘敲擊石面發出的光波特效和左後方的淺色疊影，體現出石錘的運動動勢和運動軌跡，並直觀表現出石錘的攻擊力度以及破壞力。從畫面整體造型設計和物品破舊程度上看，此圖示為中等級別。石面及手柄上的裂痕，突出石錘經常處於戰鬥狀態，並且使用頻率和價值高。

此圖示中的物體主要使用石頭材質，著重表現石錘的重量感及攻擊性，手柄金屬材質的設計，弱化了石斧的笨重感，增添了斧頭的質感變化，對斧頭整體發揮了修飾與美觀的作用，豐富了視覺感受。

背景運用模糊的繪製手法，突出背景細微光效的變化，與前景細緻描繪的石錘在空間上拉開了距離，使石錘形狀與圖示功能顯而易見。

此圖示的不足之處在於質感表達不夠準確，石頭和鐵的材質區分不明顯，石頭的粗糙質感表達不到位。物體暗部缺乏環境光的影響，不夠透氣。畫面光源統一性較弱，沒有很好地把控視覺中心。

圖 5-35 是一款融合 DOTA 加 RPG 玩法的動作手遊《亂鬥西遊》的技能圖示。此圖示基本形態為一條疾跑的腿，主體顏色以藍色調為主，黃色調為輔，與背景藍色調之間差異

▲ 圖 5-33 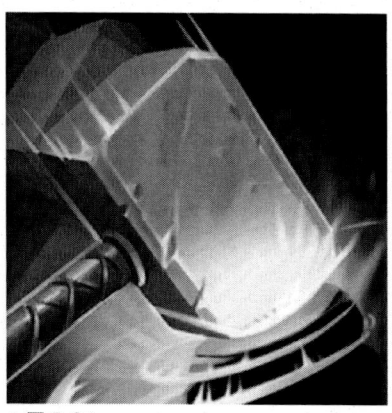　　　　▲ 圖 5-34 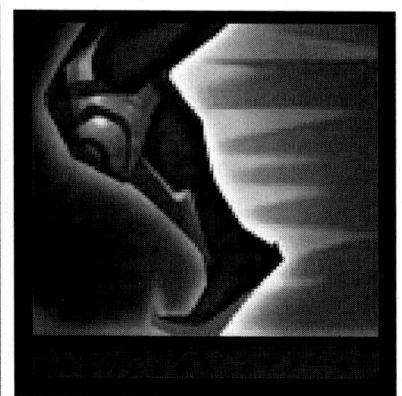　　　　▲ 圖 5-35

▲ 圖 5-36

▲ 圖 5-37

性小，色調和諧統一。在視覺識別性上，此圖示辨識度高。

此疾跑圖示屬於增加速度屬性的技能圖示，為 Q 版造型，主體構圖采用平面黃金分割構圖，主體的膝蓋和腳掌都處於視覺最舒服的位置。圖示運用半寫實的表現手法對主體腿進行繪製。

主體腿的整體造型硬朗，結構清晰，採用平視角，膝蓋前曲，前腳掌撐地的奔跑動勢，非常形象生動地表現出技能的使用效果。膝蓋處的金屬護膝牢牢地保護著膝蓋，增加了腿的防禦。金色的金屬護膝體現出此疾跑技能為中級技能。

主體的質感表現上，主要採用布料與金屬的材質，著重表現了疾跑技能的敏捷屬性。金屬護膝的設計，弱化了布材質的初級感，增添了主體材質的質感變化，同時對主體腿整體起到了修飾與美觀的作用，豐富了視覺感受。

背景運用模糊柔和的繪製手法，使主體與背景既和諧又突出。奔跑的腿後面跟隨著疾跑動態光效，更加生動地表現出此技能圖示的屬性效果。雖是平面構圖，但腳下地平線的存在使畫面空間感非常強。

圖 5-36 是一款英文太空題材網頁遊戲 NEMEXIA 的種族徽章圖示。該遊戲有地球聯盟、神族聯盟、蟲族聯盟三個種族，此圖示為地球聯盟的徽章圖示。

此圖示基本形態為盾牌與飛翔的鴿子，圖示色調以金色調為主，背景則採用灰暗的藏藍色加以襯托，使視覺中心完全集中在圖示上。在視覺識別性上，此圖示的識別度高。

此徽章圖示為科幻寫實造型，採用正面稍俯視的透視角度，為寫實的表現方法。圖示造型塑造上，盾牌與飛鴿的形態構圖飽滿，微俯視的角度更好地表現了圖示的厚度，增強了圖標的體積感。圖示底層的盾牌表現出地球聯盟這個種族的防禦力極強，圖標上層的飛鴿體現出地球聯盟的和平期望，而飛鴿形態又似展翼的人造衛星，這更好地表現了該遊戲的太空主題。圖示下方的四顆五角星半環繞著徽章，體現了此徽章圖示代表的地球聯盟的"權威、公正、公平"，也有著"勝利"的寓意。

圖示在質感表現上，使用金屬質，著重表現重量感及科技感。圖示上層的飛鴿為金屬材質，與圖示底層的鈦合金材質有所區分，同類材質中的微小質感差異，豐富了徽章的材質變化，增加了徽章的層次。

此徽章圖示的扁平化設計，體現了此圖示僅作為標誌性徽章的用途，設計性與實用性相結合。徽章背景為灰暗的藏藍色底板且無材質疊加，簡約明朗的設計更好地襯托出徽章。灰暗的藏藍色給徽章增添了嚴肅莊重之感，背景為徽章服務。

此圖示的不足之處是科技感表現得不夠強烈，該遊戲為太空題材，所以此圖示應該增加其科技方面的設計

含量。

圖 5-37 是一款掃雷式戰旗 RPG 遊戲《地下城逃脫》的技能圖示。此圖示基本形態是一個人，以紅色調為主，採用黑紅剪影的表現形式，以亮的紅色外輪廓與背景特效來拉開層次對比。

這個圖示屬於技能圖示，為 Q 版造型，人物採用平視，運用寫實的表現方法對人物形象進行繪製。

人的外輪廓造型上，人物構圖飽滿，採用概括的手法，使畫面看起來更加整體，在重色部分的外輪廓採用了紅色勾線，突出了輪廓造型，拉開了層級關係，少量的紅色也給畫面增加了透氣感。

在人物內部，使用了背光的表現手法，使外輪廓更加突出，讓人物的結構更加清晰，有一定的層次感和空間感，使人物內部有明顯的透氣感。

圖示無明顯的質感表現，主要是運用剪影的表現手法來突出圖示的功能性。

背景運用了模糊的繪製手法，突出背景的圖點光效和細微的條狀光效，與前景清晰的外輪廓形象拉開層次感，使畫面有一個縱深空間，與前景整個大面積的剪影在空間上拉開距離，使圖示的形狀和功能更加明顯。

圖 5-38 是一款英文即時戰略 RPG 遊戲 Defense of the Ancients 2 的物品圖示。此圖示基本形態為鑰匙，物品色調以青灰色為主，橙色為輔，色調和諧統一，在視覺識別性上，此圖示辨識度較高。

此鑰匙圖示屬於資源類物品圖標，為寫實造型，鑰匙構圖採用 45°角透視，前後傾斜，具有空間縱深

▲ 圖 5-38

感，運用了寫實的表現手法對鑰匙進行繪製。

物體造型塑造上，鑰匙造型簡單，構圖舒適，結構清晰，構圖採用了 45°角的透視。鑰匙杆的設計採用旋轉扭曲的造型進行拼接，鑰匙柄處由三部分組成，大塊面的紋樣造型，打破了鑰匙整體的單調感，同時，通過鑰匙杆節點拼接的造型，體現出鑰匙的魔幻特徵。

物體質感表現上，主要使用石頭材質，著重表現其重量感，光效的添加，增添了石頭的質感變化，對鑰匙整體發揮了修飾的作用，豐富了視覺感受。

背景採用簡單的灰色漸變，突出主體物，物品位於灰色漸變的背景中，後方少許光效的添加，使物品在簡單的背景下，形成了強烈的空間感。

此圖示的不足之處在於物品的塑造過於簡單，石頭大的塊面之間和轉折處缺少細微的過渡變化，整體塑造不夠豐富，沒有突出石頭的粗糙感。此外，石頭材質的表達也不夠明確，高光過於強烈，反光稍顯生硬，容易造成對石頭材質的錯誤表達。

圖 5-39 是一個寫實風格類的物品圖示。此圖示基本形態為藥瓶狀，物體色調以藍色調為主，與背景深藍 接近黑色的色調之間差異大，突出了 空間縱深感。在視覺識別性上，此圖 標辨識度高。

此藥瓶圖示屬於輔助類物品圖標，瓶子的構圖採用正面偏俯視的角度，運用寫實的塑造方式對瓶子進行繪製。

物體造型塑造上，結構清晰，造型精準，構圖採用正視偏俯視的透視角度，瓶身圓潤，瓶頸短粗，瓶口弧度大，瓶塞飽滿。瓶身透光能看到瓶中的液體和木塞，增加了瓶子本身的精緻度以及華麗度。瓶身外表對稱平滑的設計，體現出藥瓶圖示為低等級別。瓶子簡潔的設計也凸顯出其本身的高實用性。

▲圖 5-39 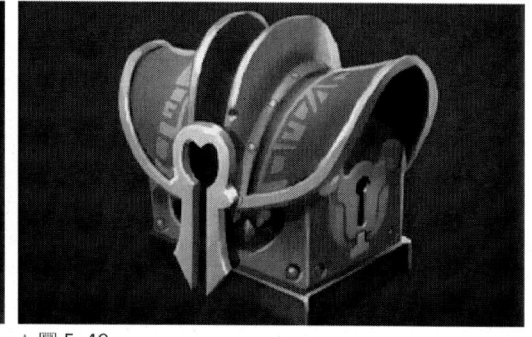　　▲圖 5-40

物體質感表現上，主要使用玻璃材質，著重表現了瓶子的剔透感和平滑感。木塞和水兩種材質的加入，弱化了畫面材質的單一感，加強了瓶子本身質感的變化，同時豐富了視覺感受。

背景運用柔和漸變的繪製手法，突出背景細微光效的變化，背景與物體強對比的表現方式凸顯出主要物體，讓圖示傳達的資訊一目了然。

圖 5-40 是一款多人聯網對戰 RPG 遊戲 DOTA2 的物品圖示。此圖示的基本形態為寶箱，物體色調以藍色調為主，黃色調為輔，黃色與藍色較為強烈的對比使整體顏色豐富、和諧統一。在視覺識別性上，圖示使用獨特的肩甲元素突出主題，識別度較高。

此礦山圖示屬於資源類物品圖標，為半寫實造型，寶箱構圖採用 45°角透視，運用半寫實的表現方法對寶箱進行繪製。

物品造型塑造上，寶箱造型飽滿，結構清晰，構圖採用 45°角透視，一件巨大的肩甲覆蓋在寶箱的上端。肩甲的兩端略微向上彎曲，並且造型圓潤，體現出此肩甲屬於正義、光明類的鎧甲，不富有攻擊性，因此此寶箱在遊戲中屬於產出光明類物品的寶箱。寶箱右端鎖孔周邊的裝飾與肩甲的造型一致，使肩甲與底部寶箱在元素上相統一，寶箱整體顯得整體，不孤立。

物體質感表現上，主要使用金屬材質，著重區分鐵與黃金的材質區別。金屬材質的使用增強了寶箱的體積感與厚重感，並且寶箱上肩甲的黃金鑲邊是連接在一起，使寶箱更為整體。弧形的設計和黃金鑲邊的使用對寶箱的整體發揮了裝飾與增強美觀的作用，豐富了視覺效果，同時提高了寶箱的等級。

圖 5-41 是一款歐式勳章物品圖標。此圖示基本形態由鷹、盾和劍組成，物體色調以黃色調為主，暗藍色 調為輔，色調和諧統一。在視覺識別 性上，此圖示辨識度高。

此圖示在色彩上，雄鷹、樹葉以及盾牌鑲邊採用了明度較高的金黃色，為圖示增加了華麗感；而盾牌的暗藍色純度較高，明度較低，與盾牌形成對比，使整體色彩統一並有變化；搭配盾牌中間和底部色彩對比更強的螢光色為點綴色，使圖示視覺中心明確。

此勳章圖示屬於物品類圖示，造型屬於寫實風格，採用了平視的角度，運用寫實的表現方法對勳章進行繪製。

此圖示構圖飽滿，勳章整體輪廓呈 Y 型。雄鷹伸展著翅膀，表現出 準備展翅高飛的趨勢，使圖示具有了 張力與動感；雄鷹眼神銳利，增強了 勳章的威嚴感。盾牌的華麗設計，體 現出此勳章圖示具有較高的級別。

物體質感表現上，主要使用黃金和鐵材質，著重表現盾牌的重量感及神聖感，老鷹展翅的設計，弱化了盾牌的笨重感；盾牌中心採用金屬和寶

第五單元 遊戲美術作品賞析　111

▲ 圖 5-41

▲ 圖 5-42

▲ 圖 5-43

對圖示整體發揮了修飾與美觀的作用，豐富了視覺感受。此圖示的不足之處是質感表達沒有加以明顯的區分，黃金和鐵的材質在表現手法上太相似，且黃金材質面積大，使圖示視覺中心部分的細節被淡化，材質略顯單一。色彩上的單調也使畫面失去了視覺焦點，主次區分不明顯。

圖 5-42 是一個桌面戰棋遊戲《冰與火之歌》的家族圖示。此圖示基本形態為太陽，由盾牌和矛組成，物體色調以灰白為主，與背景黑色調之間差異性大，色調簡單明瞭。在視覺識別性上，此圖示辨識度高。

此家族徽章屬於標識類圖示，為寫實類造型，整個圖示採用正視圖透視，運用寫實的表現方法對圖示進行繪製。

在物體造型塑造上，整體外輪廓模擬了太陽發散光芒時的狀態。其中太陽的結構清晰，底盤扁圓，形狀為正圓形，底盤加上鐵盤的紋路，有弧度變化的鐵刺模擬出太陽的光芒，長矛刺穿了中心圓的造型，打破了圖示過於對稱的形狀所產生的乏味感，並突出此家族崇尚武力的特點。

在物體質感表現上，主要使用鋼鐵材質，著重表現家族徽章的重量感及攻擊性。太陽光芒突出棱狀物尖銳的設計，又體現出了圖示的輕巧感，兩種特點相結合，使圖示疏密關係得當，重點突出。對鋼鐵上的斑駁鏽跡的刻畫，增添了鋼鐵的質感變化，突出此家族的古老性，對圖示整體發揮了修飾與美觀的作用，豐富了視覺感受。

圖 5-43 圖示是一款 Q 版通關副本類遊戲《地城之光》的裝備圖示，圖示是以寫實的風格塑造而成的。圖標以冷灰色調為主，暖紅色作為輔助色，對比鮮明。在視覺識別性上，物品辨別力比較高。

此圖示構圖較為飽滿，整體外輪廓為圓形。劍與盾牌的疊加關係清晰，突出視覺中心。圖示上盾牌的紋理以西方式的紋樣為主，體現出遊戲畫面的風格。圖示在整體的設計上，造型華麗，細節豐富，屬於中高級別的圖示。

圖示在塑造上，以寫實的表現手法，著重表現寶劍與盾牌的金屬質感，體現出了真實感與厚重感。圖示主要突出主體劍部分的表現，刻畫上相對盾牌較為精緻。

圖示在色彩上，整體運用的是冷灰色的色調，用以表現出寶劍和盾牌邊框的鐵的金屬質感。盾牌中心使用純度較高的紅色，增加了質感肌理的變化，並突出了畫面視覺中心。

這一圖示的不足之處是質感表達上不夠細膩，立體造型感略顯不足，明度對比加強更能凸顯出堅硬的金屬質感。

後記

　　遊戲行業的發展日新月異，一條優秀的遊戲"生產線"是一款優秀遊戲能夠產出的硬件保障，流程化、系統化一直是西方國家產業化的模式，中國自引入產業化標準後，剛剛開始探索有中國特色產業化發展的模式，中國的遊戲美術行業也是如此。摸著石頭過河是每個實踐者必須經歷的過程，作者本著向西方遊戲產業學習的態度，對西方遊戲的製作流程認真地翻閱與篩選，最終形成本書。

　　在任何時代，遊戲美術都是隨著製作的要求而不斷變化的，最基礎的也是永恆的仍舊是人的審美情趣。本書作為流程梳理的圖書，未能從藝術的角度更多地探討遊戲美術的發展脈絡也有少許遺憾。

　　本書選入的附圖取自不同的管道，由於許多作品的原作者和出處在書中難以一一具體標注，僅在此向提供這些優秀作品的藝術家們表達深深的歉意，作品的著作權仍屬於作者本人。是你們用超凡的智慧創造了極具遊戲美術文化價值和審美價值的新天地。

　　在這裡特別感謝先知夢靈同學對文字的校對與資料的整理。本書中第四單元所有的案例都由互動媒體試驗創作平臺提供。其中角色的繪製步驟由趙鑫躍同學與葉泓傑同學完成；場景的繪製步驟由葉泓傑同學完成；道具的繪製步驟由呂恩豪同學完成；介面、圖示的繪製步驟由先知夢靈同學繪製；三維角色的製作步驟由李光健同學完成。

國家圖書館出版品預行編目（CIP）資料

遊戲美術製作流程 / 師濤 編著. -- 第一版.
-- 臺北市：崧博出版：崧燁文化發行, 2019.04
　　面；　公分
POD版

ISBN 978-957-735-764-9(平裝)

1.電腦遊戲 2.電腦程式設計

312.8　　　　　　　　　　　108005172

書　　　名：遊戲美術製作流程
作　　　者：師濤 編著
發 行 人：黃振庭
出 版 者：崧博出版事業有限公司
發 行 者：崧燁文化事業有限公司
E-mail：sonbookservice@gmail.com
粉絲頁：　　　　網址：
地　　　址：台北市中正區重慶南路一段六十一號八樓 815 室
8F.-815, No.61, Sec. 1, Chongqing S. Rd., Zhongzheng Dist., Taipei City 100, Taiwan (R.O.C.)
電　　　話：(02)2370-3310　傳　真：(02) 2370-3210
總 經 銷：紅螞蟻圖書有限公司
地　　　址：台北市內湖區舊宗路二段 121 巷 19 號
電　　　話：02-2795-3656 傳真：02-2795-4100　網址：
印　　　刷：京峯彩色印刷有限公司（京峰數位）

　　本書版權為西南師範大學出版社所有授權崧博出版事業股份有限公司獨家發行
電子書及繁體書繁體字版。若有其他相關權利及授權需求請與本公司聯繫。

定　　　價：250元
發行日期：2019 年 04 月第一版
◎ 本書以 POD 印製發行